江门中微子超大跨度地下洞室群设计与围岩变形控制

景来红　翟利军　吕小龙　等著

黄河水利出版社
· 郑 州 ·

内 容 提 要

大型地下洞室群是地下工程领域的最高技术集成，随着规模的日趋巨大，面临地质条件复杂、开挖扰动频繁、围岩变形过程复杂、安全风险高等严峻挑战。江门中微子地下实验室布置于埋深 730 m 的花岗岩岩株内，实验大厅顶拱跨度达 49 m，项目存在"断层切割顶拱、脉状高压地下水、围岩稳定综合分析、长期运行安全"等若干关键技术难题，一旦发生破坏将无法恢复，给工程建设带来巨大挑战。本书通过收集整理国内外工程案例、工程地质、水文地质、设计施工、安全监测等资料，识别制约工程安全建设的关键问题，综合运用工程调查、理论分析、离散元模拟、现场监测、反馈分析等手段，开展超大跨度地下洞室群围岩变形控制研究，为工程建设和运行安全提供了重要技术支撑。

本书可供从事大型地下洞室群研究、设计和施工的相关技术人员借鉴，也可供高等院校水利、土木工程类相关专业师生参考。

图书在版编目(CIP)数据

江门中微子超大跨度地下洞室群设计与围岩变形控制/
景来红等著. —郑州:黄河水利出版社,2024.1
ISBN 978-7-5509-3848-9

Ⅰ.①江…　Ⅱ.①景…　Ⅲ.①大跨度结构-地下洞室
-洞室群-建筑设计②大跨度结构-地下洞室-洞室群-
围岩变形　Ⅳ.①TU929

中国国家版本馆 CIP 数据核字(2024)第 052946 号

组稿编辑:王志宽　电话:0371-66024331　E-mail:wangzhikuan83@126.com

责任编辑　冯俊娜　　　　　　　责任校对　鲁 宁
封面设计　黄瑞宁　　　　　　　责任监制　常红昕
出版发行　黄河水利出版社
　　　　　地址:河南省郑州市顺河路 49 号　邮政编码:450003
　　　　　网址:www.yrcp.com　E-mail:hhslcbs@126.com
　　　　　发行部电话:0371-66020550
承印单位　河南新华印刷集团有限公司
开　　本　787 mm×1 092 mm　1/16
印　　张　11
字　　数　255 千字
版次印次　2024 年 1 月第 1 版　　　2024 年 1 月第 1 次印刷
定　　价　98.00 元

本书作者

景来红　翟利军　吕小龙　邹红英

朱焕春　张　辉　许合伟　李　江

田万福　李　杨　梁成彦　李嘉生

吕明昊

前　言

　　深部地下实验室是开展粒子物理学、天体物理学及宇宙学领域的暗物质探测研究等重大基础性前沿课题研究的重要实验场所，其埋深大，所处地应力环境、地质环境复杂，导致洞室围岩力学特性及变形规律呈现独特的性质。目前，国际上正在运行的地下实验室有数十个，容积从几百立方米到十几万立方米，垂直岩石覆盖厚度从几百米到两千多米。

　　中微子研究是国际粒子物理研究的热点，也是唯一有实验证据超出粒子物理标准的模型，可以取得重大突破的方向，是粒子物理、天体物理和宇宙学研究的交叉。我国大亚湾实验已在这一世界前沿热点领域取得重大成果，发现了中微子第三种振荡模式，打开了理解反物质消失之谜的大门。江门中微子实验将设计、研制并运行一个国际领先的中微子实验站，以测定中微子质量顺序、精确测量中微子混合参数，不仅能对理解微观的粒子物理规律作出重大贡献，也将对宇宙学、天体物理，乃至地球物理作出重大贡献。

　　江门中微子地下实验室布置于埋深 730 m 的花岗岩岩株内，具有与水电站地下厂房类似的"大埋深、大跨度、高边墙"等特征，但实验大厅采用"上部拱形+下部圆形水池"的组合形式，与传统地下厂房的"长廊式"有较大差异，且大厅顶拱跨度达 49 m，远超常规的 30 m 量级，是目前世界上最大的拱形地下洞室。大型地下洞室群是地下工程领域的最高技术集成，随着规模的日趋巨大，地下洞室工程建设和运行安全，面临地质条件复杂、开挖扰动频繁、围岩变形过程复杂、持续时间长、安全风险高等严峻挑战。项目存在"断层切割顶拱、脉状高压地下水、围岩稳定综合分析、长期运行安全"等若干关键技术难题，一旦发生破坏将无法恢复，不但会导致工程建设方面的损失，还将造成巨大的次生灾害，给工程建设带来巨大挑战。

　　本书以江门中微子地下实验室工程为背景，首先详细介绍了工程设计情况，然后通过收集整理国内外工程案例、工程地质、水文地质、设计施工、安全监测等资料，识别制约工程安全建设的关键问题，综合运用工程调查、理论分析、离散元模拟、现场监测、反馈分析等手段，开展了实验大厅顶拱围岩稳定分析及工程调控措施、富水长大裂隙对实验大厅围岩稳定影响分析、实验大厅安全监测与反馈分析、基于小波-云模型的围岩变形监控指标拟定等方面的研究工作，为工程建设和运行安全提供了重要技术支撑。研究成果可为超大跨度地下洞室安全建设和长期运行提供科学依据，对类似大型地下洞室工程具有重要借鉴意义。

　　本书受以下基金课题联合资助：河南省博士后经费资助项目（202002081），黄河设计公司博士后研究开发项目（2020BSHZL03），黄河设计公司第二类自立科研项目［2014-ky13（2）］。

　　本书撰写过程中,采用了大量的设计、科研成果,并得到了多家单位和专家的大力支持,在此,谨一并表示衷心的感谢! 由于本书涉及专业众多,错漏和不当之处在所难免,敬请同行专家和广大读者赐教指正。

作者

2023 年 9 月

目　录

第一篇　工程设计

第1章　绪　论

1.1　研究背景

进入 21 世纪以来,随着国民经济的持续增长和人类需求的增加,极大地推动了我国资源开采和能源开发存储,地下空间开发进入高峰期,譬如西南地区集中建设的大型水电站地下厂房、地下液化石油气储备库、国防工程地下洞室、国家战略石油地下水封岩洞储备库、核废料储存库等。

近年来,我国水电能源开发得到空前发展,取得了举世瞩目的成就,建成大型水电站地下厂房 120 余座。其中,装机容量超过 1 000 MW 的地下厂房式水电站 40 余座,厂房跨度超过 25 m 的超大型地下洞室群有 30 余座。其中,白鹤滩水电站有 2 座地下厂房,主厂房尺寸为 438 m×34 m×88.7 m。

在地下洞室开挖过程中,洞室开挖卸荷使得岩体发生岩爆、片帮、掉块、支护结构破坏、沿结构面垮塌等一系列灾害现象,给施工和运营期的人员和设备安全带来严重威胁。如二滩工程地下厂房洞室群开挖过程中,发生数十次岩爆,甚至使百吨级预应力锚索发生拉断现象,对洞室围岩造成较大破坏,严重影响了施工进度;拉西瓦水电站地下厂房建设中出现多次围岩沿结构面塌落的事故;天生桥一级水电站因 1# 导流洞发生围岩局部失稳造成大坝截流推迟一年多;大岗山水电站地下厂房开挖过程中,顶拱出现 3 000 m³ 的辉绿岩脉塌方,处置时间长达一年半之久;锦屏一级、猴子岩等大型地下厂房的施工过程中均出现了岩爆、片帮剥落、围岩松弛深度大、锚杆锚索应力超限、变形量级大且时效性明显等破坏现象。锦屏二级水电站深埋引水隧洞的辅助洞开挖中,施工人员多次受到岩爆和涌水等灾害的威胁。

上述实例表明,虽然我国在大跨度地下洞室建设方面发展迅速、成就卓越,地下洞室的理论研究仍然落后于工程实践。在理论研究方面,尽管岩体力学在其相关学科交叉渗透下,已形成了一门新的学科,而且在分析地下洞室群围岩的稳定性和优化设计的理论、方法方面也有了很大的发展和提高,但由于岩体本身几何组成、介质特性和受力的异常复杂性,地下洞室群的分析仍受控于建模的仿真度和有关参数以及岩体初始状态确定的精度。首先,对于地下洞室群岩体结构而言,存在的问题更多,其主要外载环境(地应力与渗透压力)的确定至今仍比较粗糙,尽管可以通过实测信息反演求取,但其准确度依然不尽如人意。其次,岩体工作性态的复杂性,依靠现有科技手段尚不足以充分揭示,这是由于岩体不能仅作为一种纯粹"材料"看待,它尚有"结构"的特征,即使可简化为"材料"看待，所拟合的本构关系也依赖于本构式中若干参数的确定，而这些参数要精确选定也绝非易事。再者，地下洞室群施工过程中结构、介质和外载的时空动态变化也给计算分析增添了不少难度，而且提出了许多因素（如洞形、洞室间距、加固参数、施工顺序等）的优化新课题，此类问题的优化往往又是多目标、多约束的极值难题。最后，关于地下洞室围岩稳定评判准则至今也尚未达到完善成熟的阶段，从稳定的定义、量化的判据到分析的理论、准则和方法等一系列基本问题均尚未形成明确的系统，因而围岩稳定性的定量评价还在进一步探讨。因此，围岩变形失稳及工程调控仍然是大型地下洞室建设中亟待解决的重大工程技术问题。

1.2　国内外地下洞室建设情况

自20世纪60年代以来，由于岩体掘进施工技术的不断发展和新奥法技术的广泛采用，大型地下洞室的设计理论日臻完善，设计方法和手段逐步改进，工程经验不断丰富，为大型地下洞室群的设计和施工奠定了良好的理论和实践基础。大型地下洞室群主要有以下特点：

（1）洞室纵横交错，洞室大小尺寸变化范围大。

（2）地质条件和岩体结构复杂，洞室围岩具有非均质性、不连续性和各向异性。

（3）围岩具有预应力"结构"特征，洞室开挖时引起地应力释放和应力重分布。

（4）围岩的强度和变形特征存在不确定性，岩体力学参数存在空间变异性。

（5）流体和固体的耦合效应、多场耦合作用使得问题更加复杂。

显然，大型地下洞室群是一个庞大、复杂的系统工程。一直以来，地下工程的实践先于理论研究，是从实践中发展起来的交叉学科。据不完全统计，全世界已建成水电站地下厂房超过600座，我国已建成的地下厂房超过120座。表1.1列出了国内典型大型地下洞室工程，表1.2列出了部分国外典型大型地下洞室工程。

表 1.1 国内大型地下洞室工程概况（不完全统计）

序号	项目名称	装机容量/MW	洞室规模	地质情况	项目地点	设计施工单位
1	小湾水电站	6×700	厂房:298.4 m×30.6 m×79.4 m, 调压井:φ33.8 m(38 m)×89 m, φ34 m×86.99 m	黑云花岗片麻岩, 中等高地应力水平,16.4~29 MPa, 埋深350~500 m	澜沧江 中游	中国电建集团 昆明勘测设计研 究院有限公司
2	糯扎渡水电站	9×650	厂房:418 m×31 m×81.6 m, 调压井:φ32.3 m×92 m, φ35 m×94.5 m	花岗岩,地应力水平偏低, 7.37~8.3 MPa, 埋深180~220 m	澜沧江 中游	中国电建集团 昆明勘测设计研 究院有限公司
3	黄登水电站	4×475	厂房:247.3 m×32 m×80.5 m, 调压井:φ30 m×77 m	火山角砾岩,中等地应力,7~15 MPa, 埋深100 m以上	澜沧江 上游	中国电建集团 昆明勘测设计研 究院有限公司 中国水利水电 第十四工程局有 限公司
4	拉西瓦水电站	6×700	主副厂房:306 m×29 m×75 m, 调压井:φ32 m×71.58 m	花岗岩,埋深约500 m	黄河上游	中国电建集团 西北勘测设计研 究院有限公司
5	乌东德水电站	6×850+6×850	主厂房: 333 m×32.5 m(30.5 m)×89.8 m	中厚层陡倾角灰岩,白云岩	金沙江	长江设计集团 有限公司

续表1.1

序号	项目名称	装机容量/MW	洞室规模	地质情况	项目地点	设计施工单位
6	白鹤滩水电站	总装机容量 16 000	主厂房:438 m×34 m×88.7 m,调压井:Φ(42~49)m×105 m	玄武岩,埋深287~508 m	金沙江	中国电建集团华东勘测设计研究院有限公司
7	溪洛渡水电站	2×9×770	主厂房:439.74 m×31.9 m×77.1 m	水平层状玄武岩,围岩类别Ⅱ,Ⅲ,最大地应力16~20 MPa	金沙江	中国电建集团成都勘测设计研究院 中国水利水电第十四工程局有限公司
8	向家坝水电站	8×800+3×450	主厂房:245 m×33.4 m×85.55 m	地应力较高,岩体强度相对较低,地下水丰富	金沙江	中国电建集团中南勘测设计研究院有限公司 中国水利水电第七工程局有限公司
9	瀑布沟水电站	6×550	主厂房:294.1 m×30.7 m×70.2 m	花岗岩,围岩类别Ⅱ,Ⅲ,最大地应力21.1~27.3 MPa,片帮,局部块体稳定	大渡河	中国电建集团成都勘测设计研究院有限公司 中国水利水电第七工程局有限公司

续表 1.1

序号	项目名称	装机容量/MW	洞室规模	地质情况	项目地点	设计施工单位
10	大岗山水电站	4×650	主厂房:226.58 m×30.8 m×74.6 m	花岗岩,围岩类别Ⅱ、Ⅲ,最大地应力11.37~22.19 MPa,顶部块体稳定	大渡河	中国电建集团成都勘测设计研究院有限公司 中国水利水电第七工程局有限公司
11	猴子岩水电站	4×425	主厂房:219.5 m×29.2 m×68.7 m	灰岩与变质灰岩,围岩类别Ⅲ、Ⅳ,最大地应力20~40 MPa,地应力较高,岩体强度相对较低,围岩变形大	大渡河	中国电建集团成都勘测设计研究院有限公司 中国水利水电第七工程局有限公司
12	长河坝水电站	4×650	主厂房:228.8 m×30.8 m×73.35 m	花岗岩,围岩类别Ⅱ、Ⅲ,最大地应力16~32 MPa,岩爆,局部块体稳定	大渡河	中国电建集团成都勘测设计研究院有限公司
13	牙根二级水电站	4×252	主厂房:207 m×31 m×76 m	花岗岩,围岩类别Ⅱ、Ⅲ,最大地应力20~29 MPa	雅砻江	中国电建集团成都勘测设计研究院有限公司
14	叶巴滩水电站	4×525	主厂房:253.4 m×29.4 m×66.34 m	花岗岩,围岩类别Ⅱ、Ⅲ,最大地应力16.5 MPa	金沙江	中国电建集团成都勘测设计研究院有限公司

续表 1.1

序号	项目名称	装机容量/MW	洞室规模	地质情况	项目地点	设计施工单位
15	龙滩水电站		主厂房:388.5 m×30.7 m×77.3 m	厚层砂岩粉砂岩和泥质板岩砂岩互层		中国电建集团中南勘测设计研究院有限公司 中国水利水电第七工程局有限公司
16	渔子溪一级水电站	4×40	调压井:38 m×74 m×33 m	花岗闪长岩,埋深200 m	渔子溪	中国电建集团成都勘测设计研究院有限公司
17	二滩水电站	6×550	主厂房:280.3 m×30.7 m×65.58 m	正长岩,辉长岩,埋深200~400 m	雅砻江	中国电建集团成都勘测设计研究院有限公司
18	黄金坪水电站	4×200	主厂房:206.3 m×28.8 m×66.4 m	斜长花岗岩及石英闪长岩	大渡河	中国电建集团成都勘测设计研究院有限公司
19	两河口水电站	6×500	主厂房: 273 m×28.4 m(24.8 m)×65.3 m	变质砂岩,粉砂质板岩	雅砻江	中国电建集团成都勘测设计研究院有限公司
20	双江口水电站	4×500	主厂房:214.7 m×28.3 m×67.32 m	花岗岩	大渡河	中国电建集团成都勘测设计研究院有限公司

续表 1.1

序号	项目名称	装机容量/MW	洞室规模	地质情况	项目地点	设计施工单位
21	孟底沟水电站	4×600	主厂房：227.0 m×30.3 m/26.8 m×75.78 m	花岗闪长岩	雅砻江	中国电建集团成都勘测设计研究院有限公司
22	岗托水电站	4×335	主厂房：181.5 m×23.6 m×64.0 m	花岗闪长岩	金沙江	中国电建集团成都勘测设计研究院有限公司
23	三峡水电站		主厂房：311.3 m×32.6 m×87.24 m	闪云斜长花岗岩和闪长岩包裹体为主	长江	长江设计集团有限公司
24	锦屏一级水电站	6×600	主厂房：276.39 m×28.9 m×68.8 m，调压井：φ41 m(37 m)×79.5 m	层状大理岩夹绿片岩，围岩类别Ⅲ₁、Ⅲ₂，地应力较高，最大地应力 20～35.65 MPa，岩体强度相对较低，埋深 180～350 m	雅砻江	中国电建集团成都勘测设计研究院有限公司
25	锦屏二级水电站	8×600	主厂房：352.4 m×28.3 m×71.2 m	大理岩，最大主应力 10.1～22.9 MPa	雅砻江	中国电建集团华东勘测设计研究院有限公司
26	官地水电站	4×600	主厂房：276.39 m×28.9 m×68.8 m	斑状玄武岩和角砾集块熔岩，围岩类别Ⅱ、Ⅲ，最大地应力 25.0～35.17 MPa，岩爆、顶拱水平产状错动带，局部块体稳定	雅砻江	中国电建集团成都勘测设计研究院有限公司

表 1.2　国外大型地下洞室工程概况（不完全统计）

所属国家	电站	宽度/m	高度/m	长度/m	形状	平行洞室岩柱宽/m	竣工年份
阿根廷	格兰德河 1 号	27	50	1 085	子弹形		1986
澳大利亚	戈登	22	30	95	子弹形	35	1975
奥地利	林贝尔格格 2 号	34	50	100	马蹄形	36	1975
巴西	保罗阿丰苏 4 号	24	54	210	子弹形		1978
加拿大	格朗德 2 号	26	48	484	蘑菇形	27	1979
法国	蒙特日	25	41	144	马蹄形	20.5	1982
德国	瓦尔德克	34	50	105	马蹄形		1975
印度尼西亚	锡拉塔	35	50	253	马蹄形		1985
意大利	法达尔托	30	58	69	蘑菇形		1972
意大利	斯塔马森扎	29	28	193	蘑菇形		1953
日本	今市	34	51	160	马蹄形		1985
墨西哥	阿米帕尔	24	50	134	子弹形	37	1993
挪威	锡一锡马	20	40	200	子弹形		1980
西班牙	穆爱拉	24	49	111	蘑菇形		1990
瑞典	梅索尔	19	29	124	半圆形		1963
瑞士	格里姆瑟尔 2 号	29	19	140			1978
瑞士	楚格湖	32	47	100			1972
美国	巴特克里克	27	40	137	子弹形		1991
苏联	萨彦	27	60	160	马蹄形	20	1980
南斯拉夫	亚布拉尼察	22	34	114	蘑菇形		1955

1.3 我国水电地下洞室特点

1.3.1 规模特点

与采矿巷道、公路铁路隧道相比,水电站地下洞室具有大断面、大跨度、高边墙的特点。其中,采矿巷道断面在 10 m^2 左右,公路、铁路交通隧道断面在 100 m^2 左右,而目前的水电站地下洞室主厂房面积普遍大 1~2 个数量级,介于 1 000~3 000 m^2。

图 1.1 收集了中国 100 余座地下厂房的数据。图 1.1(a)为地下厂房断面面积随时间的变化情况。如图 1.1 所示,随着技术进步,两个国家地下厂房的建设规模都日趋增大。中国第一座地下厂房水电站——古田溪一级电站于 1956 年投入运行,厂房断面面积约为 369 m^2。我国水电站厂房建设虽然起步较晚,但发展迅猛,已建成的白鹤滩水电站有两座地下厂房,主厂房尺寸为 438 m×34 m×88.7 m,属世界之冠。

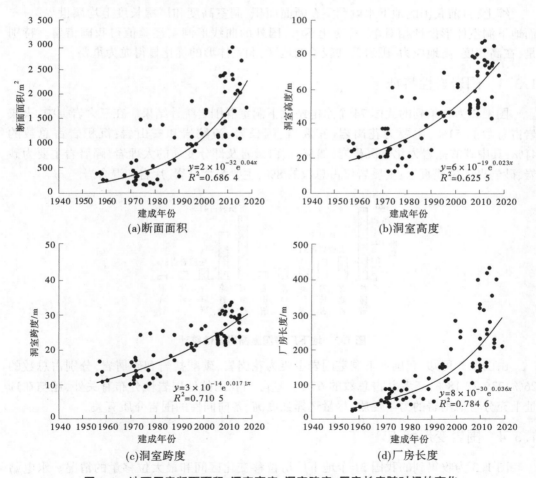

图 1.1 地下厂房断面面积、洞室高度、洞室跨度、厂房长度随时间的变化

图 1.1(b)、(c)、(d)分别为地下厂房的洞室高度、洞室跨度、洞室长度随时间的变化。如图 1.1 所示,随着经济实力增强、施工技术的快速发展,我国地下厂房的洞室高度、跨度、长度均呈指数式急剧增大。

1.3.2　体形特点

按照洞室断面形状,地下洞室群体形可分为拱顶直边墙体形、拱顶斜边墙体形、曲线形体形 3 类。其中,曲线形体形包括椭圆形、马蹄形和鸡蛋形等断面形状。

我国地下厂房洞室基本上为拱顶直边墙体形。早期顶拱矢跨比常设置在 1/3~1/5,这种体系的最大缺点是拱座问题,不仅应力集中,而且施工难以成形。所以,近年来趋向于顶部采用半圆拱,拱端与垂直边墙直接衔接,不设拱座。这种体系的优点是厂内机电设备、管路系统布置方便,施工开挖容易实现。缺点是拱肩与岩锚梁之间应力集中。在溪洛渡、锦屏、官地、瀑布沟、大岗山、猴子岩、长河坝、黄金坪等众多大型地下厂房中都采用了这种体形。

综上,目前我国的地下水电洞室在断面面积、洞室高度和厂房长度上均属世界第一,而地下洞室体形设计相对单一,变化不大,国外的曲线形洞室经验值得我国借鉴。特别是,在高烈度、高地应力、围岩条件较差的地区,洞室体形的优化显得尤为重要。

1.3.3　围岩岩性特征

图 1.2 为收集到的我国 74 个水电站地下洞室群围岩统计结果。在三大岩类中,火成岩占总数的 51%,主要为花岗岩、玄武岩、闪长岩、流纹岩和安山岩;沉积岩占总数的 41%,其中碳酸盐岩为化学沉积岩,如灰岩、白云岩及部分变质的大理岩,碎屑岩主要为砂岩、砂岩夹泥岩或页岩;变质岩仅占总数的 8%,主要为片麻岩、片岩和混合岩。

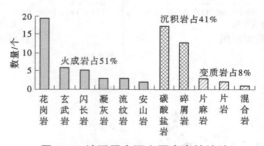

图 1.2　地下厂房洞室围岩岩性统计

由图 1.2 可知,我国地下洞室围岩主要为花岗岩、碳酸盐岩和碎屑岩,分别占总数的 26%、23%和 18%,三者共占总数的 67%。这除与我国的地层岩性分布有关外,还与在选址上充分考虑围岩的力学性质,尽量选择强度高、各向同性的围岩介质有关。

1.3.4　围岩变形特点

图 1.3 为收集到的我国 21 个地下厂房位移变化区间和最大位移量的情况。水电站地下厂房安全级别为 Ⅰ 级,属特别重要的水工地下建筑物,对于它的大变形的阈值至今尚

无定论。有人提出:位移量>20 mm 或者位移量>10 mm 且超过面积的 50%时,即为大变形。由图 1.3 可见,大多数工程属于围岩大变形洞室。

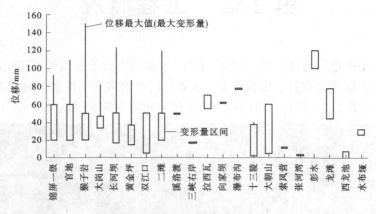

图 1.3　地下厂房位移量区间

近年来,地下洞室群出现了超乎寻常的变形和破坏事件。例如,锦屏一级主厂房下游边墙最大位移量达 92.32 mm,主变室位移量最大达 236.7 mm,松弛圈深达 15 m,远远超出了预期值。猴子岩主厂房在开挖至第Ⅳ层时最大变形量就已经达 116.7 mm,下游边墙松弛圈平均 11.3 m,最深达 15.7 m,是同期地下洞室开挖过程中变形最大的,因大变形和破坏导致停工达 4 个月之久。

1.3.5　围岩破坏特点

按照破坏机制,地下洞室围岩的变形破坏模式可分为:结构控制重力驱动型、应力驱动型和复合驱动型 3 种模式。对于浅埋、中低应力环境下的围岩破坏以重力驱动型为主;在高地应力环境下,则以应力驱动型为主,重力驱动型破坏是次要的。

近年来,地下洞室出现了不曾熟悉的破坏模式。例如,大岗山水电站主厂房花岗岩围岩受辉绿岩岩脉控制处,于 2008 年 12 月 16 日发生了近 3 000 m³ 的塌方,这是我国水电站地下厂房首次出现如此大规模的塌方事故。塌方处治理长达一年半之久,导致工期延长,投资增大。此属受结构面控制的重力驱动型破坏。锦屏一级洞室群出现多处片帮剥落、弯折内鼓、喷层开裂。猴子岩水电站在主厂房开挖至第Ⅳ层时,就出现了大量的张开碎裂、剥离、岩爆和剪切破坏等。具体表现为:岩锚梁开裂和错位 33 处,围岩开裂 6 处,喷层膨胀开裂、脱落 166 处,锚头内陷 3 处,渗水 33 处等多种变形破坏现象。后两者均是以应力驱动型为主的破坏。

由上可见,我国水电站地下洞室群无论是在变形量级上,还是在破坏规模上都是世界上罕见的,而且变形破坏模式极其复杂多样。

第 2 章　工程概况

中国科学院高能物理研究所(简称高能所)为解决中微子的质量顺序问题,建设了江门中微子实验支撑平台项目。工程位于广东省江门市西南开平市金鸡镇与赤水镇交界处打石山一带(见图2.1),距台山核电站和阳江核电站均为约53 km。

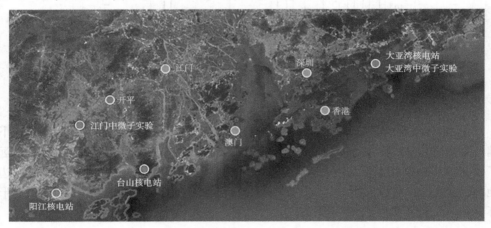

图 2.1　江门中微子实验站位置

该实验平台由地下部分和地上部分组成。地下建筑主要为斜井、竖井、实验大厅及附属洞室,实验大厅最大埋深约700 m,实验大厅内水池内径42.5 m,上部起拱跨度为48 m,为深埋大型地下洞室。地上建筑主要布置于斜井入口,主要包括装配大厅、绞车房、地上动力中心、空调机房、氮气及纯净水房5栋工业厂房建筑和办公楼、$1^{\#} \sim 3^{\#}$宿舍楼及食堂、门卫房等6栋配套民用建筑及消防水池。斜井入口区总占地面积为32 000 m^2,总建筑面积为7 648 m^2。竖井入口区总建筑面积为328.6 m^2。

2.1　技术要求

2.1.1　地面建筑物

地面建筑物主要包括斜井入口区的装配大厅、办公楼、$3^{\#}$宿舍楼、绞车房、地上动力中心、通风空调机房、净化水设备及水泵房、门卫房、食堂(临时)等建筑和竖井入口区的动力中心、罐笼机房及通风空调机房,如表2.1所示。

表 2.1　地面各区域主要建筑物参数

区域		建筑物名称	尺寸/(m×m×m) (长×宽×高)	结构 形式	建筑 面积/m²	层数	说明
斜井入口区	科研办公区	装配大厅	118.20×24.00×11.30	钢结构	2 550	1	含洁净机房
		办公楼	32.40×15.20×8.65	框架结构	932.7	2	
		地上动力中心	27.00×12.80×6.89	框架结构	368.3	1	
		3#宿舍楼	38.50×14.20×8.05	框架结构	1 093	2	
		食堂	24.00×15.00×4.50	钢结构	360	1	临时
		通风空调机房	24.48×8.24×7.30	框架结构	272	2	
		绞车房	14.50×26.90×5.70	框架结构	390	1	
		净化水设备及水泵房	6.00×8.00×3.75	框架结构	48	1	
		门卫房	5.40×5.00×3.75	框架结构	27	1	
	液闪实验区	氮气及纯净水房	20.00×10.20×11.00	钢结构	204	1	
	生活服务区	1#宿舍楼	28.20×14.00×8.35	框架结构	701.5	2	
		2#宿舍楼	28.20×14.00×8.35	框架结构	701.5	2	
竖井入口区		动力中心	16.60×13.65×7.26	框架结构	226.6	1	
		罐笼机房	φ10.00×9.00	框架结构	90	1	
		通风空调机房	3.00×4.00×4.00	砖混结构	12	1	
总建筑面积/m²					7 976.6		

2.1.2　地下建筑物

(1)斜井运输最大件设备重 20 t,尺寸为 12 m×4 m×3 m(长×宽×高);竖井设罐笼满足运行期人员交通需求。

(2)实验大厅采用城门洞形,实验大厅水池深 42.5 m、内径为 42.5 m,内设直径为 38.5 m 的球形探测器;水池上方设 2 台起吊重量为 12.5 t+12.5 t 的桥机,要求能够到达水池内任意一点。

(3)实验大厅附属洞室主要包括安装间、水净化室、液闪处理间、液闪储存间、液闪灌装间、避难室等。

(4)实验要求的水池内水温约 20 ℃,要求水池设计保温功能。

(5)运行期间实验大厅内有少量 RPC 气体、氮气等,通过排风系统排除。

2.1.3　运行条件要求

（1）运行期间有少数常驻人员，实验大厅运行年限约 30 年。

（2）实验大厅运行环境要求：温度控制在 22~24 ℃，湿度控制在 70% 以下，液闪处理间洁净度为 10 万级，实验大厅换气次数按 6 次/d 考虑，同时满足安装期间 50 名工作人员的通风要求。

2.2　主要技术问题

江门中微子地下实验室布置于埋深 730 m 的花岗岩岩株内，具有"大埋深、大跨度、高边墙"等特征，实验大厅顶拱跨度达 49 m，是目前世界上最大的拱形地下洞室。项目存在"断层切割顶拱、脉状高压地下水、围岩稳定综合分析、长期运行安全"等若干关键技术难题，给工程设计和施工带来巨大挑战。

本书首先从工程水文地质、开挖支护等方面，详细介绍了工程设计成果，然后开展超大跨度地下洞室围岩稳定分析，主要内容包括：分析不利断层切割顶拱对围岩稳定的影响；针对施工时揭露的脉状高压地下水，阐述了岩体渗流-变形耦合模拟技术原理和实施步骤，进一步分析了不同水压条件下实验大厅围岩稳定；为全面掌握施工期实验大厅围岩变形特征，结合现场施工过程和安全监测资料，开展了数值反馈分析；针对江门中微子实验室变形控制高度要求，提出一种基于小波-云模型的围岩变形监控指标拟定方法。上述研究成果为江门中微子地下实验室的安全建设和长期运行提供了技术支撑，对类似大型地下洞室的合理设计和安全施工具有重要借鉴意义。

第 3 章　水文及地质条件

3.1　区域地质

3.1.1　地形地貌

工程区位于广东省中南部、珠江三角洲西南面,地貌上为中等切割和中度剥蚀的低山丘陵区,地势总体上南高北低,山脉走向近南北向,低山与丘陵相间分布。地面高程一般为 20~500 m,其中低山区高程一般为 200~400 m,浅-中等侵蚀切割,切割深度不大,地形坡度一般为 10°~20°,主要山峰有打石山、鸡心山、骑龙顶等,地形最高点位于工程区域南部的西坑顶,高程为 550.5 m;丘陵区高程一般为 20~100 m,地形波状起伏,山顶呈馒头状,山坡微凸,坡度为 5°~10°,最低点为工程区东北部涌口圩小河边,高程约 8 m。

工程区属潭江水系,潭江在开平地区流向自西向东,工程区主要为其一级支流白沙河(赤水河)和蚬岗河,两条河在工程区流向主要为近南北向,河流的次一级支流众多,规模不大,一般河宽 10~20 m,水深大部分小于 1 m,常年流水,形成了河流密布,水资源极为丰富的地域特色。工程区分布有众多的中小型水库和塘堰,主要有中型水库狮山水库,小型水库西坑水库、牛拗水库。

工程区地表植被发育,覆盖严重,植被茂密,野外工作条件较差。

3.1.2　地层岩性

工程区地层区划属华南地层区东江分区,地层发育较全,从下元古界至新生界均有出露,主要出露第四系、奥陶系和寒武系地层及加里东期、印支期和燕山期侵入岩,次为泥盆系、石炭系地层,二叠系、侏罗系及极少量古近系地层分布较零星。

3.1.2.1　寒武系

寒武系地层为八村组($\in_{bc}$),下亚群岩性为青灰色、灰色、砖红色中~细粒浅变质石英砂岩、粉砂岩、粉砂质页岩及泥质绢云母页岩、泥质页岩,中部细砂岩(局部微含磷)夹炭质泥质页岩,区域厚度大于 1 686 m。仅工程区外围东南侧有少量分布。上亚群岩性为一套黄白色、青灰色中细粒、不等粒石英砂岩,灰色粉砂岩、泥质页岩夹灰绿色板状页岩,区域厚度大于 985 m。主要分布于工程区北侧、南侧,为工程区主要地层。

3.1.2.2　奥陶系

(1)新厂组(O_{1x})。上部为灰绿色、黄绿色粉砂质页岩及泥质页岩,下部为灰色、灰黑色泥质页岩夹长石石英砂岩及粉砂岩,厚度为 18~185 m。主要分布于虎山—合水塘一带及工程区南侧,为工程区主要地层。

（2）虎山组（O_{1h}）。灰色、灰黑色中厚层状硅质岩夹薄层硅质页岩、粉砂岩、泥质页岩、粉砂质页岩,局部夹炭质泥岩,厚度为 120~337 m。主要分布于虎山—合水塘一带及工程区南侧,为工程区主要地层。

（3）奥陶系中统（O_2）。灰色、灰黑色硅质岩、硅质页岩及灰白色石英砂岩,厚度大于27 m。仅工程区北西侧有少量分布。

3.1.2.3　泥盆系

（1）桂头群（$D_{1-2}gt$）。下亚群为紫红色、灰白色、黄白色底砾岩、石英砾岩、砂砾岩、石英砂岩、复矿砂岩及薄层粉砂岩、粉砂质页岩,局部地区夹含凝灰质砾岩、砂砾岩、砂岩及粉砂岩、凝灰熔岩,厚度为 101~552 m。上亚群为紫红色、黄红色石英质砾岩、砂砾岩、复矿砂岩、石英砂岩及粉砂岩、粉砂质泥质绢云母页岩,夹含凝灰质砾岩、砂砾岩、砂岩、粉砂岩及凝灰熔岩,厚度为 100~371 m。分布于工程区外围。

（2）老虎坳组（D_2l）。紫红色细砂岩、粉砂岩、粉砂质页岩、泥质页岩夹薄层黄色粉砂质页岩、长石石英砂岩,局部夹薄层凝灰质粉砂岩及层凝灰岩,厚度为 180~412 m。分布于工程区外围。

（3）天子岭组（D_3t）。下亚组为土黄色、黄褐色、黄绿色细砂岩、粉砂岩、粉砂质页岩互层夹薄层紫红色粉砂岩,厚度为 150~304 m。上亚组为浅灰、深灰色中厚层块状隐晶质灰岩、假鲕状石灰岩、微粒白云岩之互层夹土黄色钙质砂岩,向东相变为粉砂岩、含磷质细砂岩、粉砂质泥质页岩及泥质灰岩,厚度为 132~527 m。分布于工程区外围。

（4）帽子峰组（D_3m）。下亚组为土黄色粉砂岩、细砂岩、泥质页岩互层夹薄层青灰色泥质灰岩,厚度为 150~320 m。上亚组为紫红色、青灰色长石石英砂岩、粉砂岩及粉砂质页岩互层,局部夹含砾砂岩,厚度为 278~750 m。分布于工程区外围。

3.1.2.4　石炭系

（1）岩关阶孟公坳组（C_{1ym}）。下亚组为土黄色、棕黄色含钙质细砂岩、粉砂岩及砂质页岩夹薄层不纯灰岩,厚度为 35~97 m。上亚组为灰黑色中厚层块状、角砾状石灰岩,生物石灰岩,白云石化隐晶质灰岩,厚度大于 312 m。分布于工程区外围。

（2）大塘阶（C_{1d}）。石蹬子段岩性为深灰色、浅灰色、灰白色中层状微粒白云岩及含炭质石灰岩,厚度约为 71 m。测水段为灰色、紫红色、黄褐色泥质页岩、不等粒石英砂岩夹炭质页岩,劣质无烟煤及褐铁矿层,厚度大于 103 m。仅工程区外围西侧有少量分布。

（3）石炭系中统（C_2）。浅灰色、灰白色厚层块状白云石化生物灰岩,厚度为 40~60 m。仅工程区外围西侧有少量分布。

3.1.2.5　二叠系

龙潭组（P_2l）。上部为灰色、灰白色泥质页岩、粉砂岩互层。下部为灰色、灰白色硅质页岩,含磷结核,厚度为 50~170 m。

3.1.2.6　侏罗系

（1）侏罗系下统（J_1）。上部为灰白色、紫灰色石英砂岩、粉砂岩、泥质页岩夹薄层炭质页岩及劣质无烟煤,厚度为 210~498 m。

(2)百足山群($J_{2-3}bz$)。①亚群岩性为灰白色、黄白色、紫红色厚层块状砾岩、砂砾岩及石英粉砂岩、细砂岩,岩相变化较大,砾石成分中有石英斑岩,岩层中夹有数层凝灰质砂岩及沉凝灰岩,厚度为210~498 m。②亚群岩性为黄白、灰白、紫灰、粉红等石英粉砂岩、泥质页岩、细砂岩互层夹薄层含砾粗砂岩,下部为一层砂砾岩,厚度大于328 m。③亚群岩性上部为青灰色中薄层状钙质石英粉砂岩,土黄色、砖红色泥质粉砂岩夹灰黑色含炭泥质页岩。下部为黄灰色中厚层块状钙质石英粉砂岩夹薄层砖红色泥质页岩及粉砂岩,厚度约为496 m。④亚群岩性为灰白色、砖红色片理化砾岩、砂砾岩夹石英砂岩、粉砂岩及青灰色钙质石英粉砂岩,厚度大于470 m。

3.1.2.7　第四系

(1)第四系河流冲积层Ⅰ级阶地(Q_d^{al})。上部为灰-灰黑色黏土层及棕黄色粉砂质黏土层,下部为灰白色粗砂、砂砾及砾石层。东部相变为海相及海相为主的三角洲沉积,厚度为0~32 m。主要分布于工程区东、西两侧。

(2)第四系河流冲积层Ⅱ级阶地(Q_c^{al})。为近代河床河漫滩黄白色砾石、细砂及灰黑色淤泥沉积,厚度为0~32 m。主要分布于工程区东、西两侧。

3.1.2.8　侵入岩

(1)加里东期($\gamma\pi_3$)。流纹斑岩、斜长流纹斑岩。

(2)印支期(δo_5^1)。石英闪长岩。

(3)印支期($\gamma\delta_5^1$)。角闪石花岗闪长岩、花岗闪长岩、花岗闪长斑岩。

(4)燕山期($\gamma\pi_5^{2(1)}$)。花岗斑岩。

(5)燕山期($\gamma_5^{2(3)}$)。灰白色中细粒白云母、黑云母二长花岗岩、中细粒二长花岗岩。为工程区主要岩体。

3.1.3　地质构造

根据《广东省区域地质志》工程区大地构造上属华南褶皱系(Ⅰ)粤北、粤东北—粤中拗陷带(Ⅱ)粤中拗陷(Ⅲ)的阳春—开平凹褶断束(Ⅳ)。构造带的展布见图3.1。

3.1.3.1　褶皱构造

区域上主要褶皱为加里东期的虎山倒转复向斜、赤水倒转复背斜和印支期的合水塘向斜。

虎山倒转复向斜位于开平市赤水圩—东山圩以西地区,南北向长条状分布,长15 km,宽大于8 km。该复向斜由10个平行的次一级褶皱组合而成,褶曲宽度500~1 000 m,其核部地层由奥陶系虎山组砂岩、粉砂岩、板岩组成,两翼地层为奥陶系新厂组和寒武系八村群c亚群硅质砂岩、粉砂岩、石英砂岩组成。

赤水倒转复背斜位于开平市赤水圩—东山圩一带。核部分布于赤水圩—马山一带。复背斜向东同斜倒转,两翼倾向90°~115°,倾角45°~60°。西翼倾角稍陡,局部达70°,轴面向东倾。其核部及两翼均被次级褶皱复杂化。这些次级褶皱的枢纽多向南或北倾伏,倾伏角一般小于15°。

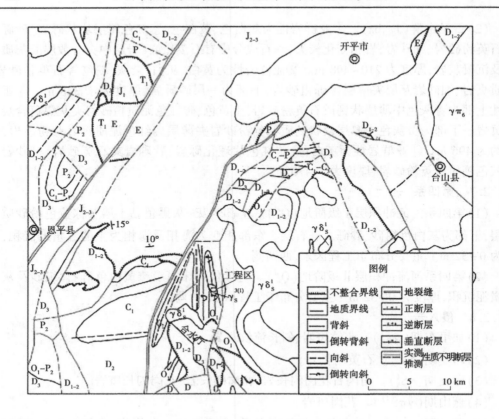

图 3.1　构造带的展布

合水塘向位于开平市南安山、合水塘一带,走向北西,长约 8 km,出露宽达 7 km,东端扬起,为一短轴向斜。北东翼倾向 120°~130°,倾角 32°~40°,南西翼倾向 75°~80°,倾角 40°~45°,向斜转折端平缓开阔,南西翼发育次级斜歪背、向斜,幅度为 250~500 m,两翼倾角 30°~63°,为不对称褶皱。

3.1.3.2　断裂构造

区内北东、北西向断裂构造规模较大。北东向代表断裂为恩平—新丰断裂带,属于深断裂,总体走向 N30°~40°E。其分支鹤城—金鸡断裂位于工程区东侧约 30 km,以南东倾为主,倾角 60°~75°。断裂长约 90 km,宽 5~60 m。断裂南段开平—址山一带多为第四系覆盖,仅于开平旗山、百足山一带有出露。地貌上表现为不同地貌单元分界线,北西侧为低山丘陵区,南东侧则为丘陵台地。断裂具有多期活动特点,燕山晚期断裂控制白垩系红层沉积;古近系址山—开平一带发育断陷盆地,沉积古近系红层;新近系发生了挤压逆冲,鹤城—开平一带寒武系逆冲于白垩—古近系红层之上;沿断裂冲洪积扇发育,断裂北西盘皂幕山区强烈隆升。沿鹤城—金鸡断裂的热释光年龄值为 15.33 万~35 万年,综合测年成果、地貌特征及地层断错关系,综合判定该断裂带的鹤城—金鸡断裂属中更新世活动断层。

北西向代表断裂为东山断裂,分布于鸡龙田—东山、虎山一带,全长约28 km。走向 N45°W,倾向北东,倾角为50°~80°。断裂展布于早古生代地层或岩浆岩中,沿断裂发育宽约5 m至数十米宽的破碎带,由构造角砾岩、硅化岩及碎裂岩组成。

近场区的断层主要为合水塘断裂 F_1,为非典型断层,其断层面在部分地段不明显,断层带宽20~40 m,主要由构造角砾岩、硅化岩、碎裂岩组成。

3.1.4　区域构造稳定性

3.1.4.1　新构造运动特征

在新构造运动时期,区域性升降运动的标志主要有多级夷平面、多级河流阶地。开平赤水一带发育二级夷平面,一级夷平面海拔250 m左右,二级夷平面海拔50~100 m。一级夷平面为一系列陡峭低山,基岩往往裸露,沟谷发育,切割强烈。二级夷平面由一系列强烈剥蚀的残丘、低山、馒头山组成。一级夷平面往往分布于断裂的下盘,且沿断裂走向成带状分布,往外突变为二级夷平面。

区内广泛发育二级河流阶地,Ⅰ级阶地拔河高程为1~3 m,阶面略向河流方向倾斜,倾角缓。Ⅱ级河流阶地呈残存状,高出一级阶地15 m以上,拔河高30~40 m,常呈岛链状断续分布,边界不规则,由红色粉土层组成,阶地沉积物较薄,一般只有2~3 m,常裸露基岩,反映了地壳上升速度较快,风化剥蚀强烈。

总体上,本区的区域性升降运动在新近系—中更新世早期以上升为主,中更新世中晚期以后珠江三角洲总体上以下降为主,粤中沿海地区则为缓慢差异升降。

3.1.4.2　断层活动性

本区的活动性断裂主要有恩平—新丰断裂带,距离工程区约60 km,该断裂在明城附近曾发生6级地震,开平附近多次发生4级以下地震,鹤城一带曾发生4级地震。高明附近断裂热释光测年值为24.52万年,对鹤城—金鸡断裂热释光测年值为15.33万~35万年,属中更新世活动断层。

3.1.4.3　历史地震特征

根据中国地震台网(CSN)地震目录,1970年以来工程区150 km范围内共发生大于3级的地震64次,其中大于4.75级的中等强度地震仅3次;近场区(25 km)没有大于4级的地震。从工程区地震分布图上看地震主要分布在工程区西南部阳江一带。工程研究区范围内最大地震为1995年3月26日发生在南海的4.9级地震,该地震震中距工程区大于100 km,对工程区影响较小。

3.1.4.4　地震动参数

根据《中国地震动参数区划图》(1:400万),工程区50年超越概率10%地震动峰值加速度为 $0.05g$(见图3.2),地震动反应谱特征周期0.35 s,相应的地震基本烈度为Ⅵ度。

3.1.4.5　区域构造稳定性评价

参考《水电工程区域构造稳定性勘察规程》(NB/T 35098—2017),区域构造稳定性分级见表3.1。

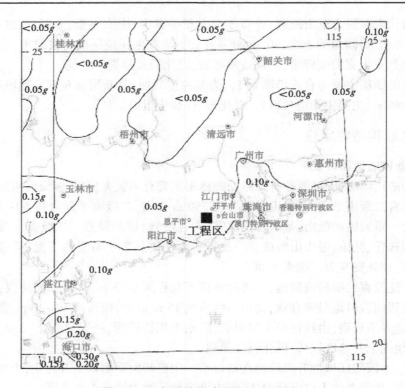

图 3.2　工程区地震动峰值加速度区划

表 3.1　工程区域稳定性分级评价

参量	稳定	基本稳定	次不稳定	不稳定
地震烈度/I	≤Ⅵ	Ⅶ	Ⅷ	≥Ⅸ
相应加速度	≤0.05g	0.1~0.15g	0.2~0.3g	≥0.4g
活断层	5 km 以内无活断层	5 km 以内有长度小于 10 km 的活断层	5 km 以内有长度小于 10 km 的活断层，$M<5$ 级地震的发震构造	5 km 以内有长度大于 10 km 的活断层，并有 $M≥5$ 级地震的发震构造
地震及震级 M	$M<5$ 级的地震活动	$5≤M<6$ 级的地震活动	$6≤M<7$ 级的地震活动	有多次 $M≥7$ 级的强地震活动
区域性重磁异常	无	不明显	明显	非常明显

考虑到工程区地质条件,工程区基本烈度为Ⅵ度,地震动峰值加速度为 0.05g,5 km以内无活断层,近场区没有大于 3 级的地震活动,远场区没有大于 5 级的地震活动,工程区不存在区域性重磁异常。根据上述划分条件综合分析,工程区区域稳定性程度为稳定。

3.1.5　水文条件

3.1.5.1　地下水类型

工程区地下水按赋存条件和运动形式可分为孔隙地下水和裂隙地下水两种类型。

(1)孔隙地下水。主要分布在第四系冲积层、坡积层中,一般埋藏较浅,多在沟谷地带以泉水形式排泄,或沿与下伏基岩的接触面渗出,形成季节泉,其流量较小,枯期多消失。由于工程区覆盖层厚度较薄,故孔隙水分布有限,且水富程度差。

(2)裂隙地下水。是工程区的主要地下水类型,赋存于工程区花岗岩和砂泥岩中,由大气降水补给,排泄入沟谷,又可细分为裂隙上层滞水和裂隙水。

3.1.5.2　地下水位、岩体透水性及腐蚀性评价

场区地下水位在接近沟谷部位较浅,延伸至两侧山体内埋深逐渐变大,表现为承压性质,而处于水池中心山顶上地下水埋深为 186 m。

基岩中岩体的透水性主要受节理裂隙的发育程度、张开度、充填情况和连通性影响。沉积岩区近地表的全~强风化带岩体,由于受风化、卸荷的影响,节理裂隙发育,属散体结构岩体,岩体的透水性为中等~弱透水。随着深度的增加,岩体风化程度逐渐减弱,埋深 50 m 以下,岩体的透水率均小于 5 Lu,而埋深 100 m 以下,除个别地段岩体的透水率略大于 1 Lu 外,绝大部分岩体的透水率均小于 1 Lu。沉积岩区深部岩体属微透水。实验大厅岩体的渗透性仍很弱,深部工程的围岩抗渗透能力强,且在高压作用下未见扩张及冲蚀现象。

地下水类型以基岩裂隙水为主,水质类型主要为 $SO_4 \cdot HCO_3 - K + Na$ 和 $SO_4 - K + Na \cdot Ca$ 型水,根据《岩土工程勘察规范(2009 年版)》(GB 50021—2001),环境水对混凝土结构具微腐蚀性,对混凝土结构具中等腐蚀性(重碳酸型),对钢筋混凝土中的钢筋在长期浸水条件和干湿交替条件下均具微腐蚀性,对钢筋结构具弱腐蚀性。

3.2　工程区基本地质条件

3.2.1　地形地貌

工程场址区位于金鸡镇和赤水镇分界的打石山一带,为低山丘陵区,山脉主脊走向近南北向。地面高程一般为 30~300 m,山坡地形坡度一般 10°~20°,地形最高点打石山顶,高程约 326 m,为区内分水岭。最低为场址区东北部红星村一带,地表高程为 30 m。主要冲沟走向为近东西向,沟谷切割密度较大,切割深度为 50~100 m,沟内多有常年流水。工程区最大河流——东坑河发源于东坑林场,流经工程区的胜和村一带,区内总体流向为近南北向,均为赤水河的支流。山脉东南侧分布有牛拗水库(小型)和多个塘堰。

3.2.2　地层岩性

工程场址区出露地层主要有寒武系、奥陶系、第四系和燕山期侵入岩。

3.2.2.1　寒武系

寒武系八村群 c 亚群($\in_{bc}$c)岩性为一套类复理石沉积浅变质碎屑岩,主要分布于打石山山脉与丘陵区过渡地带,呈近 SN 向条带状展布。岩性为不等粒石英砂岩夹粉砂岩及泥质页岩,薄层状,单层层厚 5~25 cm,岩层走向近 SN 向,倾向东或西,倾角为 50°~80°。

3.2.2.2　奥陶系

(1)新厂组(O_{1x}):分布于打石山山脉两侧,呈南北向展布,岩性为紫红色、灰黑色、灰绿色薄层状粉砂质泥岩或泥质粉砂岩、长石石英砂岩及粉砂岩、泥岩。岩石以薄层状为主,单层层厚 5~10 cm,岩层走向近 SN 向,倾向东或西,倾角为 40°~80°。

(2)虎山组(O_{1h}):沿打石山山脉主脊分布,走向为 SN 向,岩性为灰色、灰黑色薄层状硅质岩夹硅质页岩、粉砂岩、泥质页岩、粉砂质页岩,局部夹炭质泥岩。岩石以薄层状为主,单层层厚 5~20 cm,局部分布有厚层砂岩,层厚 30~80 cm,主要分布于胜和村东部、永丰石场北沟沟内及东坑石场沟内。岩层走向近 SN 向,在山体西侧倾向东,倾角为 45°~85°;在山体东侧倾向北西,倾角为 60°~80°。

寒武系八村群 c 亚群($\in_{bc}$c)和奥陶系新厂组(O_{1x})、虎山组(O_{1h})为连续沉积。

3.2.2.3　第四系

1.残坡积层(Q_4^{el+dl})

广泛发育于山坡及部分山脊,厚度一般为 1~3 m,上部为坡积物,主要为碎石土,下部为残积物。

2.第四系冲洪积层(Q_4^{al+pl})

主要为全新统沉积物,沿小河分布范围小,上部为黏土层,厚度大部分小于 1 m,局部厚度达 3 m,下部为砾石层。

3.2.2.4　燕山期侵入岩

燕山期第三期侵入花岗岩体($\gamma_5^{2(3)}$),分布于打石山主峰一带。据地表地质测绘,花岗岩西部边界至东坑石场下部平台处,东部边界至永丰石场进口处,北部边界至石屋村两个废弃的采石场进口处,南部边界至打石沟南侧,平面上呈不规则椭圆状,面积约 0.9 km²。据地质测绘及物探测试成果,花岗岩岩体侵入面向外陡倾,属典型不整合侵入特征。岩性为灰白色中细粒白云母、黑云母二长花岗岩、中细粒二长花岗岩,花岗岩内共生有少量黄铁矿和磁铁矿,随深度增加,铁矿含量有所增高,并在局部结构面富集。根据钻探揭露,花岗岩陡倾节理面局部见蚀变,在构造带附近蚀变相对明显,蚀变节理面多为高岭土膜充填,局部见黄铁矿、磁铁矿富集。

接触带发生接触变质形成角岩,角岩的分布总体为北窄南宽,东窄西宽,带宽为 100~600 m 不等。角岩的母岩主要为虎山组地层,其次为新厂组地层,薄层状结构,岩石致密坚硬。

3.2.3　地质构造

场址区大地构造上属于开平凹褶断束(Ⅳ)，因受多次构造的影响，加之岩浆活动，本区地质构造较为复杂。

3.2.3.1　褶皱

研究区位于虎山倒转复向斜中段(见图3.3)，该复式向斜构成打石山山脉的主体，为一转折端呈尖棱状的斜歪向斜，轴向 SN~N10°W，向南微倾。核部地层奥陶系虎山组，两翼地层为奥陶系新厂组和寒武系八村群 c 亚群，东翼总体产状:SN，W∠32°~40°，西翼总体产状:SN~N20°W，E~NE ∠40°~70°。南段被泥盆系覆盖。复向斜内发育多个次级紧闭斜歪褶皱，致使褶皱带内的岩体节理裂隙较发育~很发育(见图3.4)。

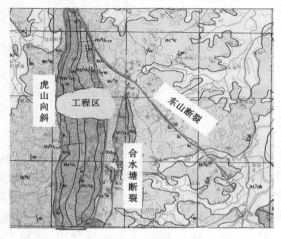

图3.3　虎山向斜构造

图3.4　斜井进口东侧斜歪紧闭褶皱

3.3.2.2　断层

本次地表地质测绘共发现 33 条断层,断层倾角以陡倾为主,少量为中等倾角。通过对区内的断层进行统计分析(见图 3.5),场区断层走向以 SN～NNE 为主,其次为 NE 走向。场区断层多具有挤压错动特征,一般为逆断层,个别为正断层,断层带物质一般为碎裂岩、片状岩、糜棱岩等。

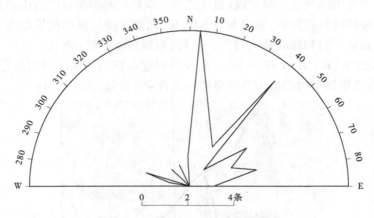

图 3.5　工程区断层走向玫瑰图

从断层的发育规模来看,工程区规模较大的 F_1 断层分布在合水塘—红星村一线,产状:SN,E∠45°～62°,断层带宽 20～40 m,断层带物质为构造角砾岩、硅化岩、碎裂岩,正断层,为非典型断层,其断层面在部分地段不明显,本断层位于场区的东端,方案变更后,主要工程已经远离该断层,断层对工程无影响。F_2 断层位于竖井南西侧,处于竖井与实验大厅之间,产状:N20°～55°E,SE∠59°～90°,主要由片状岩、糜棱岩、碎裂岩及透镜体组成,见倾斜擦痕,胶结差～中等。由于断层倾角变化大,估计其对连接平段及实验大厅都有一定的不利影响。F_{19} 断层与 A 斜井方案进口段洞室顶拱小角度相交,对顶拱稳定有十分不利的影响。其余断层规模相对较小或胶结很好,断层带宽一般小于 3.0 m,对工程影响有限。

3.2.3.3　节理

1. 沉积岩区节理发育特征

工程区沉积岩区受褶皱影响节理裂隙发育,根据地表地质测绘成果统计,沉积岩区主要发育一组层面节理(见图 3.6):N10°W～N15°E,NW/NE∠60°～75°,延伸 1～5 m,间距5～10 cm,局部达 20 cm,面多平直、粗糙,浅表层节理多微张～张开,以泥质充填为主,少量岩屑充填,深部节理多紧闭,少量微张～张开,无充填或局部充填钙膜,深部节理偶见黄铁矿富集。

除层面节理外,沉积岩区还发育两条次要节理:

①N50°～80°E,NW/SE∠50°～70°,横向节理,延伸一般小于 2 m,起伏、粗糙,闭合至微张,少量节理张开夹泥。

②N30°～60°W,NE/SW∠30°～70°,斜节理,断续延伸,起伏、粗糙,闭合至微张,少量节理张开夹泥。

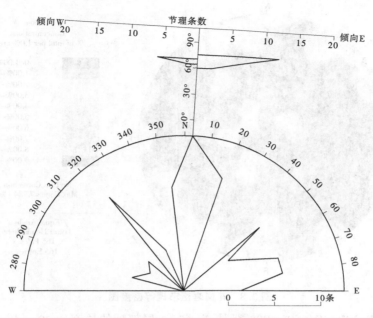

图 3.6 工程区沉积岩节理玫瑰图

2.花岗岩区节理发育特征

根据地表工程地质测绘成果,对花岗岩岩体中节理裂隙发育特征统计分析(见图 3.7、图 3.8),花岗岩内主要发育节理有两组:

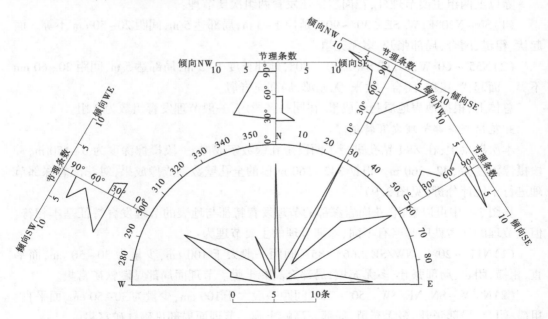

图 3.7 工程区花岗岩节理玫瑰图

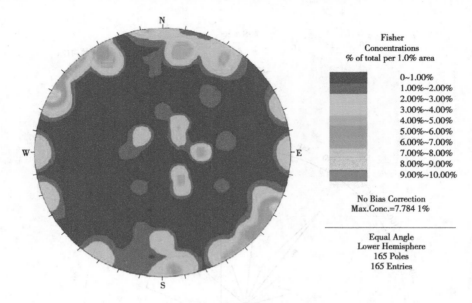

图 3.8　花岗岩区节理等密度图

（1）N20°E,NW/SE∠60°~90°,延伸 2~15 m,局部延伸长度达 20 m 以上,间距 30~200 cm,面平直、粗糙,闭合,局部张开,多无充填,局部充填岩屑或高岭土膜。

（2）N55°~60°E,NW 或 SE∠30°~90°,延伸 1~5 m,局部达 10 m,间距 20~60 cm,面平直、粗糙,闭合~微张,多无充填,局部充填高岭土膜。

除以上两组主要节理外,花岗岩区还发育两组次要节理:

（1）SN~N20°E,W/SE∠30°~90°,延伸 1~3 m,局部达 5 m,间距 20~50 cm 不等。面起伏、粗糙,闭合,局部张开,多无充填。

（2）N55°~60°W,NE 或 SW∠30°~80°,延伸长度 1~3 m,局部达 5 m,间距 20~60 cm 不等。面起伏、粗糙,闭合~微张,无充填,局部充岩屑。

总体上,根据地表地质测绘成果,在同一区段内,一般节理发育组数为 2 组。

3. 花岗岩深部节理发育特征

本次勘察中,在 ZK1 钻孔进行了两段全孔壁数字成像,一段摄像深度为 0~150 m,一段摄像深度为 342~560 m。根据 342~560 m 段的全孔壁数字成像成果,对花岗岩深部节理进行了统计分析(见图 3.9)。

从图 3-9 中可以看出,花岗岩深部的节理发育特征与地表的节理发育特征基本相符,但是节理的优劣秩序却略有不同,深部节理的主要节理为:

（1）N11°~20°E,NW/SE∠66°~85°,间距一般大于 100 cm,少量为 30~50 cm,面平直、粗糙,闭合,局部张开,多无充填,局部充高岭土膜。节理面局部见磁铁矿富集。

（2）N8°W~SN,NE/SW∠50°~77°,间距一般大于 100 cm,少量为 30~50 cm,面平直、粗糙,闭合,局部张开,多无充填,局部充高岭土膜。节理面局部见磁铁矿富集。

（3）N50°~60°E,NW 或 SE∠40°~75°,间距一般为 20~100 cm,少量大于 200 cm,面平直、粗糙,闭合,无充填。节理面局部见磁铁矿富集。

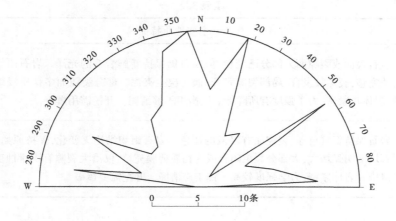

图 3.9　ZK1 钻孔节理玫瑰图

从断层及节理裂隙的统计成果可以看出,工程区的破裂面构造走向以近 SN 向为主,其次为 NE 向。

3.2.4　物理地质现象

工程区属东南亚热带海洋季风气候区,年降雨量为 1 700～2 400 mm,夏秋之交多强台风,台风带来充沛雨量,降雨强度大,有利于物理地质现象的发育;另外,工程区属于低山丘陵区,地形坡度和地表切割程度不大,植被发育良好,不利于物理地质现象的发育。

3.2.4.1　岩体风化

工程区风化作用十分强烈,风化作用是工程区的主要物理地质现象。

工程区岩体风化由地表向深处风化程度逐渐减弱,风化深度主要受岩性、构造和地下水作用等因素控制。角岩及石英砂岩抗风化能力较强,花岗岩的抗风化能力较弱,炭质泥岩及页岩的抗风化能力最差。工程区岩体风化等级划分标准见表 3.2。

表 3.2　岩体风化程度分级

分级	主要地质特征
全风化	岩块全部变色,光泽已消失。岩石的组织结构完全破坏,已崩解和分解成松散的土状,但仍有原始结构的痕迹。岩体结构呈散体状。锤击松软,用手可捏碎,用锹可挖掘
强风化	岩块大部分变色,仅局部或断口中心保留原岩颜色和光泽。岩石的组织结构大部分已破坏,风化裂隙发育,多含次生夹泥。除石英外,其他矿物已风化蚀变。锤击声哑,易碎,用镐撬可以挖动,坚硬部分需爆破,力学强度明显减弱。其中,强风化上部的岩石强度低,岩体结构明显松弛,用镐撬可以挖动,裂隙普遍含次生夹泥;强风化下部的岩石强度略高,岩体呈碎裂结构,部分开挖需爆破

续表 3.2

分级	主要地质特征
弱风化	岩石表面或裂隙面大部分已变色,但断口仍保持新鲜岩石的光泽。岩石原始组织结构清楚完整,裂隙较发育,局部裂隙张开,偶见次生夹泥。部分裂隙面多铁质浸染或钙膜充填,岩体较紧密,力学强度有所降低。锤击声不够清脆。开挖需用爆破
微风化~新鲜	岩石保持新鲜色泽,裂隙面有轻微的褪色。岩石组织结构无变化,保持原始完整结构,岩石块度明显增大,大部分裂隙闭合或为钙质薄膜充填,仅沿大裂隙有少量蚀变或铁质薄膜浸染。岩体紧密,力学强度较高。锤击声清脆。开挖需要爆破

　　钻孔资料显示,花岗岩区岩石风化作用较强烈,从沟谷到山顶高,风化深度逐渐增大,花岗岩全风化垂直埋深从 0~6.32 m 增到最深达 35 m,强风化带垂直埋深从 0~3.6 m 增到最深达 44.6 m,弱风化带垂直埋深从 3.6~6.3 m 增到最深达 198.8 m。

　　沉积岩区全~强风化层厚度为 4~25 m,弱风化层厚度为 40~60 m,受地形与岩性影响,各处有一定差别。

3.2.4.2　滑坡、崩塌

1. 滑坡

　　根据现场调查,工程区内滑坡不发育,仅在 2 号渣场西部发现了 1 处小型滑坡(见图 3.10)。滑体由坡积物及少量全~强风化岩体构成,为坡脚被开挖后引起的顺层滑坡,滑坡地形明显,后缘呈圈椅状,错落坎高 1~2 m,分布高程为 63~92 m,规模为 20 m×50 m×5 m=5 000 m³,滑坡目前稳定,由于远离主要工程,滑坡对工程无影响。

图 3.10　小型滑坡

2. 崩塌

　　根据现场调查,在 A 斜井入口段东侧约 60 m 处发育一个小的崩塌(见图 3.11),是人工开挖后边坡上的覆盖层、全~强风化岩体塌落而成,规模为 10 m×30 m×2.5 m=750 m³,

目前基本稳定,对工程无影响。

图 3.11　斜井入口段东侧小崩塌

3.2.5　水文地质条件

3.2.5.1　地下水类型

工程区地下水按赋存条件和运动形式可分为孔隙地下水和裂隙地下水两种类型。

(1)孔隙地下水。主要分布在第四系冲积层、坡积层中,一般埋藏较浅,多在沟谷地带以泉水形式排泄,或沿与下伏基岩的接触面渗出,形成季节泉,其流量较小,枯期多消失。由于工程区覆盖层厚度较薄,故孔隙水分布有限,且富水程度差。

(2)裂隙地下水。是工程区的主要地下水类型,赋存于工程区花岗岩和砂泥岩中,由大气降水补给,排泄入沟谷,又可细分为裂隙上层滞水和裂隙水,分述如下:

①裂隙上层滞水。在饱水带之上,活动在透水性相对较强的花岗岩的全~强风化带岩体中,或上部泥岩、页岩相对隔水层之上,它们接受大气降水或坡积层中的孔隙水垂直补给,向下运动补给裂隙潜水或以泉水形式排泄至沟谷内。根据地质调查,在花岗岩区内多处接近山顶的地段尚有泉水渗出,流量为 0.05~1 L/s,泉水的来源应为全~强风化花岗岩岩体内的裂隙上层滞水。

②裂隙水:主要埋藏在弱~微风化基岩裂隙中,表现为潜水性质,其潜水位面基本在全~强风化带底界以下 10~100 m,在沟谷部分,裂隙水沿沉积裂隙面运移,形成脉状裂隙承压水。

3.2.5.2　地下水位及岩体透水性

勘探成果表明,场区地下水位在接近沟谷部位较浅,延伸至两侧山体内埋深逐渐变大,如 ZK5 处于沟谷底部,终孔后地下水从高于地表约 10 cm 的套管口冒出,表现为承压性质,而处于山顶上的 ZK2 的地下水埋深为 186 m。

本次勘察中,除 ZK3 钻孔未进行压水实验外,其他 5 个浅孔均进行了常规压水实验,其中 ZK6 除进行常规压水实验外,还进行了 5 段的注水实验,而深孔 ZK1 则进行了高压压水实验。

根据压水实验成果,基岩中岩体的透水性主要受节理裂隙的发育程度、张开度、充填情况和连通性影响。沉积岩区近地表的全~强风化带岩体,由于受风化、卸荷的影响,节理裂隙发育,属散体结构岩体,岩体的透水性为中等~弱透水。随着深度的增加,岩体风化程度逐渐减弱,埋深 50 m 以下,岩体的透水率均小于 5 Lu,而埋深 100 m 以下,除个别地段岩体的透水率略大于 1 Lu 外,绝大部分岩体的透水率均小于 1 Lu。沉积岩区深部岩体属微透水。

从压水成果也可看出:尽管沉积岩区的岩体呈薄层状,受复式褶皱挤压揉皱后,岩体内节理裂隙较发育,但是深部岩体内的节理裂隙呈紧闭状,岩块间咬合紧密。

花岗岩区的 ZK2 钻孔进行了 15 段常规压水实验,除有一实验段透水率为 4.8 Lu 外,其他实验段的透水率≤1 Lu。场区内花岗岩弱风化以下岩体也属微透水。

本工程的实验大厅埋深大,约 763 m,为查明岩体在高水头压力下的透水性,在深孔 ZK1 内进行了 29 段高压压水实验。压水实验最高压力为 7.0 MPa,每一实验段按照 6 级 11 个阶段进行,实验压力依次为 0.3 MPa—0.6 MPa—1 MPa—2 MPa—4 MPa—7 MPa—4 MPa—2 MPa—1 MPa—0.6 MPa—0.3 MPa。实验成果见表 3.3。

表 3.3   高压压水实验成果

序号	实验段/m	RQD	透水率/Lu	
			1 MPa	7 MPa
1	347.5~350.5	83.89	1.30	0.73
2	388.5~391.5	74.47	1.40	*
3	393.0~396.0	88.24	1.26	0.77
4	397.6~400.6	75.89	3.17	*
5	402.3~405.3	81.17	1.30	0.74
6	406.5~409.5	79.68	2.76	*
7	411.0~414.0	83.56	0.71	0.74
8	415.2~418.2	82.10	1.06	0.75
9	424.6~427.6	78.84	1.58	*
10	429.0~430.0	95.45	1.43	0.74
11	433.2~436.2	88.94	1.04	0.75
12	442.3~445.3	79.47	1.14	0.77
13	447.0~450.0	86.58	1.51	0.77
14	451.2~454.2	83.65	1.14	0.75
15	470.0~473.0	88.40	0.80	0.72
16	488.1~491.1	81.14	1.43	0.73
17	501.3~504.3	83.15	0.94	0.75
18	506.0~509.0	94.53	1.09	0.75
19	515.5~518.5	81.55	1.34	0.73

续表 3.3

序号	实验段/m	RQD	透水率/Lu	
			1 MPa	7 MPa
20	524.5～527.5	80.90	1.97	0.80
21	529.0～532.0	89.89	1.45	0.73
22	538.2～541.2	89.52	1.44	0.69
23	543.0～546.0	93.10	1.63	0.65
24	551.2～554.2	84.56	1.43	0.73
25	570.3～573.3	78.45	2.16	*
26	574.5～577.5	83.22	1.31	*
27	584.0～587.0	91.11	1.46	0.61
28	593.0～596.0	88.04	1.46	0.63
29	597.5～600.5	90.56	0.85	0.58

注:1. ＊表示测段在水泵最大流量时,最大压力不能达到 7 MPa。

2. RQD 为岩石质量指标,指每次进尺中大于或等于 10 cm 的柱状岩芯的累计长度与每个钻进回次进尺之比(以百分数表示)。

图 3.12 为实验压力为 1 MPa 时岩体的渗透系数随深度的变化情况。如图 3.12 所示,在 1 MPa 压力作用下,岩体的透水率为 0.71～3.17 Lu,均值为 1.4 Lu。

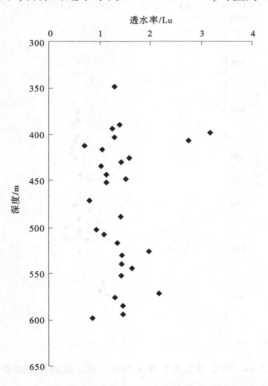

图 3.12　实验压力为 1 MPa 时岩体透水率随孔深的变化

图 3.13 是各测段岩体透水率随 RQD 值的对比关系,实验压力为 1 MPa 时,岩体的透水率随 RQD 值的增加而减小,但当 RQD 值增大到 82 时,其透水率趋于稳定。

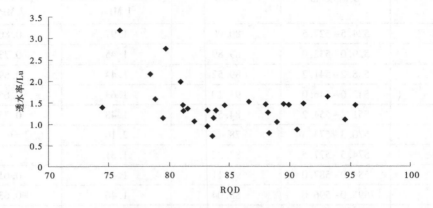

图 3.13　实验压力为 1 MPa 时岩体透水率随 RQD 值的变化

最高压力 7 MPa 时,岩体的透水率在 0.58~0.80 Lu,集中分布在 0.71 Lu 左右。部分测段最高压力只能达到 2~6.6 MPa,相应测段的岩芯微裂隙相对发育,且 RQD 值均小于 80。如图 3.14 所示,岩体的透水率随埋深的增加有降低趋势。

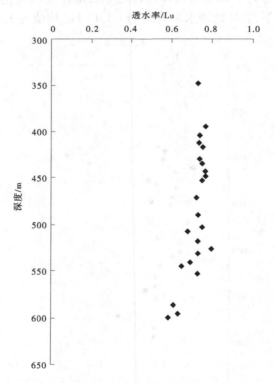

图 3.14　实验压力为 7 MPa 时岩体透水率随孔深的变化

根据压水实验成果,29 个实验段中,有 23 段的 P-Q 曲线类型为 B(紊流)型,即在高压条件下,岩体内的渗流状态为紊流,在整个实验期间,岩体的裂隙状态没有发生变化;另有 6 段的 P-Q 曲线类型为 E(填充)型,即在高压条件下,岩体的渗透性减小,这主要是裂隙被部分充填造成的。

从高压压水成果可以看出,即使在 7 MPa 的高压力下,岩体的渗透性仍很弱,深部工程的围岩抗渗透能力强,且在高压作用下未见扩张及冲蚀现象。

3.2.6 岩石及岩体物理力学性质

为了查明场区岩石(体)的物理力学性质,分别在钻孔及地表取岩样进行了不同岩性的室内物理力学实验,并在钻孔孔内进行了钻孔弹模测试、地应力测试、声波等综合测井工作。

3.2.6.1 岩石物理力学性质

地质勘察共完成了 40 组岩石室内物理力学实验,其中花岗岩 27 组,角岩 2 组,石英砂岩、粉砂岩 10 组。另共完成 24 组岩块的室内波速测试。弱风化花岗岩与微(新)风化花岗岩强度差异不大,微(新)风化花岗岩饱和抗压强度一般为 80~120 MPa,平均值约为 97 MPa,软化系数平均值为 0.81,属坚硬岩类。由于角岩区没有钻孔,故在竖井西侧角岩带的地表取两块弱风化块样进行室内实验,弱风化角岩饱和抗压强度一般为 36.4~69.1 MPa,软化系数为 0.66~0.75,由于样品取于地表,其力学指标较低,深部微风化角岩的力学指标应更高。由于沉积岩区岩层为薄层状,强~弱风化岩体内的岩芯均较破碎,未能取到柱状岩芯进行实验,微(新)风化粉砂岩、石英砂岩饱和抗压强度一般为 50~120 MPa,最小为 30.5 MPa,最大为 168 MPa,实验值离散性较大,这是由于岩层为薄层状,部分样品中含有隐裂隙(层理),实验时沿结构面产生破坏,而部分石英砂岩已经出现浅变质(硅化),其力学指标则很高。

岩石直剪实验表明,微风化~新鲜花岗岩峰值强度较高,内摩擦角 φ' 范围值为 44.1°~56.1°(f' 值为 0.97~1.49),黏聚力 c' 范围值为 2.81~5.23 MPa;平均值:$f'=1.26$,$c'=3.71$ MPa。残余强度内摩擦角 φ 范围值 33.8°~38.3°(f 值为 0.67~0.79),黏聚力 c' 范围值为 0.91~1.76 MPa;平均值:$f=0.73$,$c'=1.26$ MPa。

3.2.6.2 岩体力学性质

地质勘察在深孔 ZK1 内进行了 24 点的钻孔弹性模量测试工作,测试深度为 15~148 m。根据测试成果,ZK1 钻孔弱风化(孔深 9.83~81.54 m 段)岩体变形模量平均值约为 25.0 GPa,变化范围为 11~33.9 GPa;岩体弹性模量平均值为 37.0 GPa,变化范围为 16.2~48.7 GPa;微风化(孔深 81.54~148 m 段)岩体变形模量平均值约为 28.4 GPa,变化范围为 15.7~37.3 GPa;岩体弹性模量平均值为 39.1 GPa,变化范围为 20.2~55.6 GPa。根据测试成果,随着深度的增加,岩体的变形模量及弹性模量均有增大的趋势。具体测试成果见表 3.4。

表 3.4　ZK1 钻孔弹性模量测试成果

孔号	测点号	孔深/m	变形模量/GPa	弹性模量/GPa	测点号	孔深/m	变形模量/GPa	弹性模量/GPa
ZK1	1	148	37.3	55.6	13	85	25.2	32.9
	2	143	36.5	53.6	14	79	24.6	43.0
	3	138	27.5	40.9	15	74	15.0	30.7
	4	130	16.3	20.2	16	68	30.6	42.8
	5	125	35.2	45.9	17	61	30.7	40.3
	6	120	31.1	40.4	18	54	33.0	48.7
	7	115	35.1	45.4	19	47	27.3	32.9
	8	110	26.0	37.3	20	39	24.3	30.8
	9	105	30.2	41.6	21	33	26.2	40.4
	10	102	28.2	37.7	22	27	11.1	16.2
	11	96	15.7	25.7	23	21	21.3	36.0
	12	91	24.9	31.4	24	15	33.9	45.3

　　另在 7 个钻孔中均进行钻孔波速测试。根据声波测井成果,建议工程区微风化~新鲜花岗岩岩块波速值为 6.0 km/s,微风化粉砂岩岩块波速值为 4.2 km/s,微风化石英砂岩岩块波速值为 5.1 km/s。

　　花岗岩区岩体(ZK1、ZK2、ZK3)完整程度较好,基本为较完整~完整,岩体基本质量等级属 I~II 类;沉积岩区的 ZK4-2、ZK5 钻孔处的岩体完整程度很好,基本为完整,岩体基本质量等级属 I 类,而 ZK4-1、ZK6 钻孔处的岩体完整程度相对较差,为完整性差~完整,岩体基本质量等级属 I~III 类。总体而言,工程区岩体的完整程度较好,这与压水实验成果有较好的对应性,即均可说明:工程区岩体内的节理裂隙呈紧闭状,岩块间咬合紧密。

3.2.6.3　结构面抗剪强度

　　根据工程区各级结构面的规模、组成物质及性状的不同,结构面划分为以下五种类型:

　　(1)刚性型结构面。花岗岩、角岩中的闭合、微张节理。

　　(2)岩屑型结构面。以碎块岩为主的断层、挤压带,锈膜节理。

　　(3)岩屑夹泥型结构面。由挤压片状岩、碎裂岩及不连续的泥组成的挤压面、挤压带和层间错动带。

　　(4)泥夹岩屑性结构面。由糜棱岩、断层泥、角砾岩、碎裂岩组成的构造带。

　　(5)泥型结构面。有可塑-软塑且连续分布的断层泥或泥化糜棱岩的断层、层间挤压错动带及泥化夹层。

根据工程的地质条件及结构面特征、工程特点,结合宏观经验判断和工程类比,提出了各类结构面的地质参数建议值,见表 3.5。

表 3.5 结构面抗剪强度参数建议值

结构面类型	抗剪断	
	f'	c'/MPa
刚性型	0.55~0.60	0.05~0.08
岩屑型	0.45~0.55	0.05~0.08
岩屑夹泥型	0.35~0.45	0.03~0.05
泥夹岩屑型	0.25~0.35	0.02~0.005
泥型	0.18~0.20	0.001~0.002

3.2.7 地应力测试

3.2.7.1 测试点布置及测试方法

花岗岩区进行了 9 个点的地应力测试,其中在 ZK2 进行了 2 个点测试,在 ZK1 进行了 7 个点测试。测试方法为水压致裂法。

3.2.7.2 测试成果

ZK2 钻孔中的地应力测试结果见表 3.6。

表 3.6 ZK2 孔水压致裂法地应力测试结果

序号	孔深/m	P_b/MPa	P_r/MPa	P_s/MPa	P_0/MPa	σ_t/MPa	σ_H/MPa	σ_h/MPa	σ_z/MPa	λ'	σ_H 方位
1	145.5	2.8	2.4	1.4	0	0.4	4.7	2.9	3.9	0.97	N28°W
2	188.5	8.6	5.6	2.8	0	3.0	6.6	4.7	5.1	1.11	N35°W

注:P_b 为岩石破裂压力;P_r 为裂缝重张压力;P_s 为瞬时闭合压力;P_0 为岩石孔隙压力;σ_t 为岩石抗拉强度;σ_H 为最大水平主应力;σ_h 为最小水平主应力;σ_z 为竖直应力;λ' 为平均水平主应力方向的侧压系数,$\sigma_H+\sigma_h/2\sigma_z$。破裂压力、重张压力及闭合压力为测点孔口压力值。

应力量值:该钻孔在 145.5 m 及 188.5 m 处最大水平主应力分别为 4.7 MPa 及 6.6 MPa,最小水平主应力分别为 2.9 MPa 和 4.7 MPa,竖直应力 σ_z 分别为 3.9 MPa、5.1 MPa。平均水平主应力方向的侧压系数 λ' 范围分别为 0.97 和 1.11。

应力方位:依据压裂缝方向的印模结果,最大水平主应力方向为 N28°W 和 N35°W。

ZK1 钻孔中的地应力测试成果见表 3.7。

表 3.7 ZK1 孔水压致裂法地应力测试结果

序号	孔深/m	P_b/MPa	P_r/MPa	P_s/MPa	P_0/MPa	σ_t/MPa	σ_H/MPa	σ_h/MPa	σ_z/MPa	λ'	σ_H 方位
1	360.5	6.1	4.8	3.7	3.3	1.3	10.3	7.3	9.5	0.93	N37°W
2	428.0	7.2	5.3	4.0	3.9	1.9	11.3	8.3	11.3	0.87	N22°W
3	455.5	9.6	7.2	5.2	4.2	2.4	13.3	9.8	12.1	0.95	N30°W

续表 3.7

序号	孔深/m	P_b/MPa	P_r/MPa	P_s/MPa	P_0/MPa	σ_t/MPa	σ_H/MPa	σ_h/MPa	σ_z/MPa	λ'	σ_H方位
4	507.6	10.1	7.5	5.9	4.7	2.6	15.6	11.0	13.4	0.99	N54°W
5	547.3	8.9	7.4	5.7	5.1	1.5	15.5	11.2	14.5	0.92	N10°W
6	585.5	9.0	7.2	5.6	5.5	1.8	15.8	11.5	15.5	0.88	N42°W
7	603.5	7.0	6.3	4.9	5.7	0.7	14.8	10.9	16.0	0.80	N23°W

应力量值:该钻孔在 360.5~603.5 m 测试深度范围的最大水平主应力 σ_H 为 10.3~15.8 MPa,最小水平主应力 σ_h 为 7.3~11.5 MPa,竖直应力 σ_z 为 9.5~16.0 MPa。平均水平主应力方向的侧压力系数 λ' 范围为 0.80~0.99,测孔深部应力场主要呈 $\sigma_H > \sigma_z > \sigma_h$ 特征,说明该区地应力场属水平应力略占主导的应力场。其中,埋深 585.5 m 及 603.5 m 处最大水平主应力测压系数相对较小,主要是因为受埋深 559.4~560.31 m 处小断层及埋深 599.65~613.94 m 处断层的影响。

应力方位:依据压裂缝方向的印模结果,最大水平主应力方向在 N10°W~N54°W。

3.2.7.3　测试成果分析

根据 ZK1 测试成果,在测试范围内,应力测值均不同程度地随深度的增加而增大,但最大水平应力随深度增加的增幅减缓(见图 3.15)。根据地应力测试成果,计算平均水平主应力侧压力系数 λ' 为 0.88~1.11。可见场区地应力总体近似"静水"应力场,强度应力比一般为 4.5~7,属中等应力场。

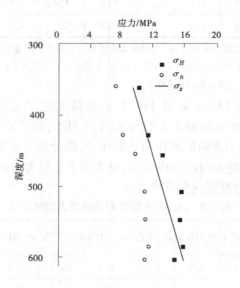

图 3.15　ZK1 钻孔水平主应力测值随深度的变化关系

工程区为低山丘陵区,且侵入花岗岩呈小岩株产出,地应力测试成果与本场区一般地应力环境相符。

3.2.8　地温测试

在深孔 ZK1 内进行了地温测试(见表 3.8),从测试成果可以看出,地温在地表至 39 m 段,温度随深度的增加而降低,在 39 m 深度左右降到最低值,为 22.1 ℃,这个数值与工程区年平均气温(21.7 ℃)接近。在 39 m 深度以下,温度随深度的增加而升高,在 365 m(高程 -229 m)深度达到 30.0 ℃。365 m 深度以下温度升高幅度变缓,在 542 m 深度升高至 32.0 ℃后,深度增加地温不再升高,而是在 31~32 ℃变化。

表 3.8　江门中微子实验基地钻孔地温测试成果

钻孔编号	孔深/m	最大值/℃	最小值/℃	平均值/℃
ZK1	5.5~15.5	24.4	24.0	24.3
	15.5~36.5	24.0	23.2	23.6
	36.5~98.5	23.0	22.1	22.5
	98.5~138.5	24.0	23.0	23.5
	138.5~173.5	25.0	24.1	24.5
	173.5~208.5	26.0	25.1	25.5
	208.5~243.5	26.9	26.0	26.5
	243.5~288.5	28.0	27.0	27.5
	288.5~328.5	29.0	28.1	28.5
	328.5~364.5	29.9	29.1	29.5
	364.5~448.5	31.0	30.0	30.5
	448.5~621.5	32.0	31.0	31.6

3.3　围岩的工程地质分类

3.3.1　岩体结构类型

岩体结构是岩体综合质量分类的重要表征之一,根据《水利水电工程地质勘察规范(2022 年版)》(GB 50487—2008)中的规定,结合本工程坝址区岩体的风化程度、完整性等实际特征,将工程区岩体结构划分为四大类,划分标准见表 3.9。

表 3.9　岩体结构分类

类型	亚类	岩体结构特征	代表性岩体
块状结构	块状结构	岩体较完整,呈块状、厚层状,结构面较发育,间距一般为 50~100 cm	弱风化、微风化的花岗岩
	次块状结构	岩体较完整,呈次块状,结构面较发育,间距一般为 30~50 cm	
层状结构	巨厚层状结构	岩体完整,呈巨厚层状,结构面不发育,间距大于 100 cm	弱风化、微风化的石英砂岩、粉砂岩、角岩
	厚层状结构	岩体较完整,呈厚层状,结构面轻度发育,间距一般为 50~100 cm	
	层状结构	岩体较完整,呈中厚层状,结构面较发育,结构面间距一般为 30~50 cm	
	互层状结构	岩体较完整或完整性较差,呈互层状,结构面发育,间距一般为 10~50 cm	
	薄层状结构	岩体完整性差,呈薄层状,结构面发育,间距一般小于 10 cm	
碎裂结构	镶嵌碎裂结构	岩体完整性差,岩块镶嵌紧密,结构面发育,间距一般为 10~30 cm	弱风化石英砂岩、粉砂岩,强风化角岩
	碎裂结构	岩体较破碎,结构面很发育,间距一般小于 10 cm	强风化石英砂岩和粉砂岩
散体结构	碎块状结构	岩体破碎,岩块夹岩屑或泥质物	各类全风化和部分强风化岩体
	碎屑状结构	岩体破碎,岩屑或泥质物夹岩块	

3.3.2　地下洞室围岩分类及物理力学参数建议值

　　本工程地下洞室规模大,为了评价地下洞室的围岩质量,采用多种围岩分类标准进行地下洞室围岩分类,主要以《水利水电工程地质勘察规范(2022 年版)》(GB 50487—2008)规定的围岩分类法为主,并用 Q 系统围岩分类法和 RMR 分类方法进行对照。根据《水利水电工程地质勘察规范(2022 年版)》(GB 50487—2008)规定的围岩分类方法为本工程指导的分类标准见表 3.10。

表3.10　工程区地下洞室围岩分类及物理力学参数建议值

围岩类别	岩体工程地质特征	围岩强度应力	水利水电地下工程围岩分类评分 T	Q系统评分	RMR分类评分	岩体抗剪断强度		变形模量 E_0/GPa	岩体单位弹性抗力系数 K_0/(MPa/m)	坚固系数 f	围岩稳定性
						f'	c'/MPa				
I	微风化~新鲜花岗岩，岩石饱和单轴抗压强度>100 MPa。1组节理加荃乱节理，间距>1 m，延伸较短，起伏、粗糙，闭合。地下水活动性强，洞段干燥。整体结构，RQD≥90%	>4	>85	>40	>80	1.4~1.6	2	25	10 000~15 000	8~9	稳定。围岩可长期稳定，一般无不稳定块体
II	微风化~新鲜花岗岩，角闪岩、岩石饱和单轴抗压强度>80 MPa。2组节理或2组节理加荃乱节理，间距0.5~1 m，延伸数米，起伏、粗糙，闭合~微张。地下水活动性弱，洞段干燥偶见渗水。块状结构或次块状结构或镶嵌碎裂结构，RQD=80%~90%	>4	65~85	10~40	61~80	1.25~1.4	1.5~2.0	15~25	6 000~10 000	6~8	基本稳定。围岩整体稳定，不会产生塑性变形，局部可能产生掉块
III	弱风化及少量微风化砂岩、微风化~新鲜石英砂岩。岩石饱和单轴抗压强度为45~80 MPa。2组节理加荃乱节理或3组节理，间距0.3~0.5 m，延伸几米至十几米，起伏、粗糙。洞段干燥或见渗水和滴水。次块状结构或镶嵌碎裂结构，RQD=40%~80%	>2	45~65	1~10	41~60	1.0~1.2	0.8~1.1	4~12	2 000~6 000	2~4	局部稳定性较差。局部完整性会产生差，部位会产生塑性变形，不支护时可能会产生塌方或变形破坏
IV	强风化及部分弱风化花岗岩，结构影响带，节理密集带，岩石单轴抗压强度为15~45 MPa。3组节理加荃乱节理，间距0.1~0.3 m，延伸几米至十几米，起伏、粗糙，微张，洞段多见渗水和滴水。碎裂状结构，RQD=20%~45%	>2	25~45	0.1~1	21~40	0.7~1.0	0.1~0.4	2~4	500~2 000	1~2	不稳定。围岩自稳定时间很短，规模较大的各种变形和破坏都可能发生
V	结构破碎带，全风化花岗岩，粉砂岩、软弱的炭质泥岩，岩石的饱和单轴抗压强度<15 MPa。节理密集发育或集块状、土状。洞段多见渗水和淋水或线状水流水，散体结构，部分碎裂结构。RQD≤20%		<25	<0.1	<21	0.3~0.6	0.05~0.1	0.1~0.4	<500	<1	极不稳定。围岩不能自稳，变形严重，破坏严重

根据本工程的实际情况,表 3.10 主要考虑以下几方面因素:

(1)岩性。包括花岗岩、角岩、石英砂岩及粉砂岩,岩石以坚硬岩为主,局部为中硬岩。

(2)岩石强度。与其风化程度关系密切,根据不同风化程度确定其强度值。

(3)岩体的完整性。岩体的完整性系数为岩体声波的纵波速度与岩石纵波速度之比的平方,它与岩体中发育的结构数及规模、性状有关,与岩石强度也有很大关系。

(4)结构面状态。与其张开宽度、起伏粗糙程度、充填情况有关。

(5)结构面产状。对围岩分类的贡献在于其走向、倾向与地下洞开挖面的空间位置关系。

(6)地下水。地下水活动对地下洞室围岩的稳定性影响,在不同岩类中表现出较大的差异,对 Ⅰ、Ⅱ 类围岩影响较小,对 Ⅳ、Ⅴ 类围岩则非常明显,Ⅲ 类围岩则处于上述二者之间。根据实验成果,结合宏观经验判断和工程类比,表 3.10 给出了各类岩体的物理抗剪及变形模量参数建议值;岩体单位弹性抗力系数(K_0)是根据岩体(岩石)的物理力学实验,并参照其他工程的经验提供。

3.4　主要建筑物工程地质条件

3.4.1　实验大厅

实验大厅位于打石山西侧小山包底下,地表高程约 268 m,地貌上为山脊,拱顶最大埋深约为 700 m,实验大厅布置于花岗岩岩体内,岩性为灰白色中细粒二长花岗岩。在平面上,实验大厅相对靠近侵入小岩株的中心地带。

实验大厅及其附属洞室围岩类别为 Ⅱ 类,洞室围岩稳定性好,围岩整体稳定。根据地表节理统计及钻孔节理统计成果,推测实验大厅主要发育以下三组节理:

(1)N11°~20°E,NW/SE∠66°~85°,延伸 5~15 m,少量大于 20 m,间距一般大于 100 cm,少量为 30~50 cm,面平直、粗糙,闭合,局部张开,多无充填,局部充高岭土膜。节理面局部见磁铁矿富集。

(2)N8°W~SN,NE/SW∠50°~77°,延伸 2~5 m,少量达 10 m,间距一般大于 100 cm,少量为 30~50 cm,面平直、粗糙,闭合,局部张开,多无充填,局部充高岭土膜。节理面局部见磁铁矿富集。

(3)N50°~60°E,NW 或 SE∠40°~75°,延伸 1~3 m,少量达 5 m,间距一般为 20~100 cm,少量大于 200 cm,面平直、粗糙,闭合,无充填。

三组节理相互切割,可能在实验大厅顶部形成不稳定块体,对洞室的稳定不利。

根据室内实验成果,微(新)风化花岗岩饱和抗压强度一般为 80~120 MPa,平均值为 97 MPa。实验大厅最大埋深约 763 m,根据地应力测试成果,估计实验大厅处地应力值不超过 20 MPa,岩石强度应力比 $R_b/\sigma_m = 4.85$。实验大厅相对靠近侵入岩岩株中心,推测该处岩体完整性好,经综合分析,该部位应力中等,不致产生大的岩爆现象。

3.4.2　竖井

3.4.2.1　竖井工程地质条件

竖井位于东坑石场沟谷内,竖井深 616.3 m,底高程-484.30 m,平段长 286 m。东坑石场为一废弃采石场,地表高程 130~170 m。岩性为花岗岩,上部强风化带厚度为 20~40 m,岩体为碎块~碎裂结构。竖井围岩类别以Ⅱ、Ⅲ类为主,仅洞口段为Ⅳ。连接水平段围岩类别以Ⅱ类为主,F_2 断层影响洞段围岩类别为Ⅳ。

竖井处于冲沟沟心内(见图 3.16),该冲沟上游汇水面积约为 $0.1~km^2$,雨季时,冲沟内会产生较大的山洪,而冲沟上游有石料场开挖弃渣堆积,山洪可将弃渣冲到沟内,影响竖井施工及运营安全,建议在冲沟上游设置引(截)排水措施,保护竖井施工及运营安全。

图 3.16　竖井入口处地形地貌及地表水情况

根据勘察资料,结合水利水电分类标准、Q 系统及 RMR 围岩分类标准,对竖井围岩分类预测评价如下:

(1)井口 130 m 高程至 120 m 高程段:为竖井进口段,段长 10 m,岩性为花岗岩,弱风化为主,仅井口约 3.6 m 为强风化,节理裂隙较发育,镶嵌碎裂~块状结构,边墙有渗水或滴水。RQD=70%,经计算,围岩水利水电 T 值为 34,Q 值为 0.5,RMR 值为 38,围岩类别为Ⅳ类。洞室围岩稳定性差。

(2)107 m 高程至-188 m 高程段:岩性为花岗岩,微风化为主,局部弱风化,根据钻孔揭露,本段发育多条小的断层和挤压面(Ⅳ级结构面),次块状结构为主,局部块状结构,边墙有渗水或滴水。RQD=80%,经计算,围岩水利水电 T 值为 60,Q 值为 7.5,RMR 值为52,围岩类别为Ⅲ类。围岩局部稳定性差,井壁局部可能发生掉块。

(3)-188 m 高程至井底段:岩性为花岗岩,微风化~新鲜,岩体完整,块状结构,局部次块状结构,边墙有渗水或滴水。RQD=90%,经计算,围岩水利水电 T 值为 74,Q 值为22.3,RMR 值为 64,围岩类别为Ⅱ类。井壁围岩稳定性好,围岩整体稳定,不会产生塑性变形,局部可能产生掉块。

3.4.2.2 竖井井口场地边坡工程地质条件

竖井北侧、东侧及南侧均为高 25~35 m 的废弃石料场开采面,根据地表地质测绘,北侧开采面主要发育两组节理:L1:N30°W,NE∠80°~90°,面起伏粗糙,张开,充填岩屑,间距 0.2~0.5 m,延伸 1~2 m;L2,N25°E,SE∠19°,面平直粗糙,紧闭,间距 0.3~2.0 m,延伸 2~3 m。根据赤平投影分析(见图 3.17),北侧面节理组合未构成不稳定块体。

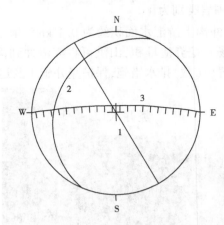

1—结构面产状:N30°W,NE∠80°~89°
2—结构面产状:N25°E,SE∠19°
3—斜面产状:EW,S∠80°

图 3.17 竖井口北侧开采面结构面赤平投影

竖井口东侧发育 F_2 断层,产状:N20°~55°E,SE∠59°~90°,断层带宽 0.5~3 m,带内充填碎裂岩,断层面可见擦痕,延伸长度大于 800 m,为一逆断层,断距不详。上下盘均为灰白色花岗岩,岩体较完整,块状构造,岩石弱~微风化。主要发育三组节理:L3,N5°W,NE∠74°,面平直粗糙,张开,充填铁质、岩屑,间距 1~3 m,延伸长度 20 m;L4:N26°W,NE∠39°,面起伏粗糙,紧闭~微张,无充填,间距 0.05~0.4 m,延伸 1~3 m;L5:N38°W,NE∠76°,面起伏粗糙,紧闭~微张,无充填,间距 0.5~1.0 m,延伸 1~2 m。根据赤平投影分析(见图 3.18),东侧面节理组合未构成不稳定块体。

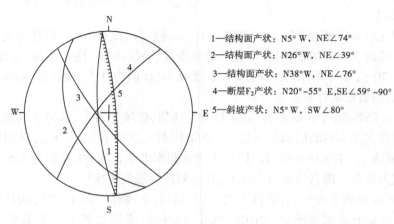

1—结构面产状:N5°W,NE∠74°
2—结构面产状:N26°W,NE∠39°
3—结构面产状:N38°W,NE∠76°
4—断层F_2产状:N20°~55°E,SE∠59°~90°
5—斜坡产状:N5°W,SW∠80°

图 3.18 竖井口东侧开采面结构面赤平投影

南侧开采面主要发育四组节理:L6,N46°W,NE∠37°,面起伏粗糙,张开~紧闭,充填铁质、岩屑,间距 0.3~0.5 m,延伸长度 1.0~3.0 m;L7,N10°W,SW∠45°,面平直粗糙,张开,无充填,间距 0.2~0.3 m,延伸长度 0.5~1.0 m;L8,N40°W,NE∠80°,面平直粗糙,紧闭,无充填,间距大于 3 m,延伸长度 10~20 m;L9,N30°E,⊥,面平直粗糙,张开,充填岩屑,间距 0.4~0.5 m,延伸长度 5~10 m。根据赤平投影分析(见图 3.19),南侧面 L6 和 L7 节理组合构成不稳定块体。

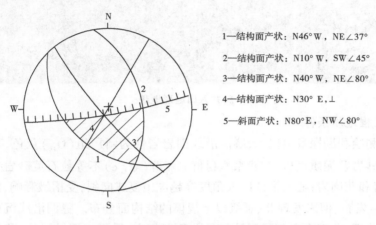

1—结构面产状:N46°W,NE∠37°

2—结构面产状:N10°W,SW∠45°

3—结构面产状:N40°W,NE∠80°

4—结构面产状:N30°E,⊥

5—斜面产状:N80°E,NW∠80°

图 3.19　竖井口南侧开采面结构面赤平投影

3.4.3　斜井

斜井斜长约 1 340.6 m,坡度约 42.5%,其入口位于胜和村东北方向约 400 m 的一个宽缓的沟谷内(见图 3.20),入口处植被茂密,入口位置前方地形开阔,便于组织施工和布置地面建筑。斜井段高差 523 m,水平投影长约 1 250 m,坡度 23.5°,中间设置两个缓冲平段,开挖断面为城门洞形,缓冲平段断面为 10 m×8 m,其余地段断面衬砌后内径为 7 m×6 m。斜井洞身通过地段分布的基岩主要有奥陶系新厂组(O_{1x})地层、寒武系八村群 c 亚群($\in_{bc}$c)地层、角岩和花岗岩。

斜井入口处沟谷的主沟上游有一座山塘水库(见图 3.20),该水库库容为 $5×10^4$ m³,规模小,上游无河流补给,其水源主要靠大气降水及地下水排泄补给,水库的汇水面积约为 0.3 km²,故即使在雨季,水库的来水量也不会很大,不会形成大的泄洪。水库坝后有两条泄洪渠,泄洪渠距斜井入口最近距离约为 130 m,高程比洞口低约 5 m,而泄洪区下游为地势更低、更开阔的平原区。综上所述,该山塘水库雨季泄洪不会对斜井入口产生影响。

水库与斜井间的岩性为新厂组(O_{1x})紫红色、灰黑色、灰绿色薄层状泥岩、粉砂质泥岩或泥质粉砂岩,薄层状,岩层产状主要为 SN~N30°W,E~NE∠38°~40°。岩层中的泥岩、粉砂质泥岩为隔水层,且岩层倾向水库,库水不容易向斜井渗透。ZK6 钻孔地下水埋深为 24.37 m,相应高程为 98.63 m,高于水库的正常蓄水位 79.00 m 约 18.00 m,即水库与斜井之间存在一个地下分水岭,库水不会从地下向斜井发生渗漏。

图 3.20　斜井入口地形地貌

3.4.3.1　隧洞工程地质条件

据地面地质测绘和勘探资料揭示,隧洞沿线围岩岩性为新厂组(O_{1x})灰色、灰黑色粉砂岩夹长石石英砂岩及泥质页岩、寒武系八村群 c 亚群($\in_{bc}$c)不等粒石英砂岩夹粉砂岩及泥质页岩、角岩和花岗岩;隧洞沿线以大角度穿越虎山复式向斜,受褶皱影响,沿线岩体节理裂隙较发育~发育,但未发现Ⅱ、Ⅲ级以上规模的结构面分布。隧洞沿线沉积岩内的优势节理为顺层节理,节理走向与隧洞轴向呈大角度相交,受复式褶皱影响,节理倾角及倾向变化较大,当倾角及倾向与斜井的倾角及倾向近平行或呈小角度相交时,对隧洞顶拱围岩稳定可能存在不利影响。根据钻孔波速测试及压水实验成果,隧洞沿线的节理裂隙多呈紧闭状,岩体块体间咬合紧密。

斜井以 23.5°的坡度斜插入地下,除洞口处极短部分洞段处于地下水位之上外,其余洞段均处于地下水位之下,埋深最深的斜井平段与地下水位之间的高差约为 546 m。由于隧洞岩性岩体以微透水为主,根据《水利水电工程地质勘察规范(2022 年版)》(GB 50487—2008)附录 W,隧洞沿线外水压力折减系数为 0.1~0.2,有效的外水压力不大,开挖时存在渗水、滴水现象。

根据勘察资料,结合水利水电分类标准、Q 系统及 RMR 围岩分类标准,对隧洞围岩分类预测评价如下:

(1)X0+000~X0+063 m(水平桩号,下同)段,属进口段,隧洞围岩岩性以粉砂岩为主,局部为石英砂岩及泥质页岩,全~强风化,部分弱风化,节理及挤压面发育,泥质充填,碎裂结构为主,部分为镶嵌碎裂结构,洞顶及边墙有渗水或滴水。RQD=0~15%,经计算,围岩水利水电 T 值为 19,Q 值为 0.13,RMR 值为 10.3,围岩类别为Ⅴ类。洞室稳定性极差,无自稳时间或极短,开挖中拱顶出现岩块冒落、边墙产生塑性变形情况。

(2)X0+063~X0+130 m 段,隧洞围岩岩性以粉砂岩、石英砂岩为主,弱~微风化,节理及挤压面较发育,镶嵌碎裂结构为主,部分互层状结构。洞顶及边墙有渗水或滴水。RQD=30%,经计算,围岩水利水电 T 值为 32,Q 值为 0.99,RMR 值为 31.5,围岩类别为Ⅳ类。洞室围岩不稳定,自稳时间短,规模较大的各种变形及破坏均可能发生。

（3）X0+130～X0+605 m 段,隧洞围岩岩性以石英砂岩为主,局部为粉砂岩,微风化,节理较发育,镶嵌结构为主,部分层状结构。洞顶及边墙有渗水或滴水。RQD=50%,经计算,围岩水利水电 T 值为 59,Q 值为 6.6,RMR 值为 49,围岩类别为 Ⅲ 类。洞室围岩局部稳定性差,可能产生掉块现象。

（4）X0+130～X0+995 m 段,隧洞围岩岩性为角岩,微风化,节理较发育～不发育,层状结构。洞顶及边墙有渗水或滴水。RQD=60%,经计算,围岩水利水电 T 值为 64,Q 值为 14.85,RMR 值为 57,围岩类别以 Ⅲ 类为主,局部 Ⅱ 类。洞室围岩总体稳定性较好,局部完整性较差的部位可能会掉块。

（5）X0+995 m 至实验大厅段,隧洞围岩岩性为花岗岩,微风化,节理不发育,块状结构。洞顶及边墙有渗水或滴水。RQD=90%,经计算,围岩水利水电 T 值为 83,Q 值为 36,RMR 值为 73,围岩类别为 Ⅱ 类。洞室围岩稳定性好,围岩整体稳定,不会产生塑性变形,局部可能产生掉块。

3.4.3.2　进口边坡工程地质条件

斜井洞口处地形较平缓,进口底板高程为 64.07 m,进口开挖边坡高度约为 9.0 m。根据勘察成果,洞口处覆盖层为粉质黏质碎石土,厚 1～3 m,基岩主要为新厂组（O_{1x}）灰色、灰黑色粉砂岩夹长石石英砂岩及泥质页岩,产状为 N6°E,SE∠58°,全风化,局部强风化,岩体破碎,呈散体结构,开挖后可产生圆弧形破坏。由于进口边坡高度小,且为逆向坡,覆盖层薄,稳定条件一般。建议洞脸边坡开挖坡比为 1∶0.75。由于工程区降水较多,开挖施工中,需及时进行护坡处理。

3.4.4　地面建筑

地面建筑主要布置有装配大厅、办公楼、宿舍楼、绞车房、地上动力中心等建筑物。地面建筑主要布置于斜井入口前的沟谷内,该处地形平缓开阔,场地稳定,适宜建筑。

根据地质调查,地面建筑地基岩土主要有:①人工填土（石料场弃渣）,结构松散,厚度不均,无分布规律,建议清楚;②黏质粉质碎石土,结构稍密～中密,厚 1～3 m,地基承载力为 160～180 kPa,可作为基础持力层;③全风化砂岩、泥岩,地基承载力为 300～500 kPa,可作为基础持力层。

由于地面建筑层数较低,荷载较小,建议采用浅基础,可采用黏质粉质碎石土或全风化砂岩、泥岩作为基础持力层。

根据地面建筑布置图,该处覆盖层为粉质黏质碎石土,厚 1～3 m,基岩主要为虎山组（O_{1h}）灰、灰黑色薄层状硅质岩、粉砂岩,局部夹炭质泥岩,产状为 N6°E,SE∠53°,全～强风化,岩体破碎。装配大厅位于斜井入口,该建筑物东南侧为最大约 33 m 开挖边坡。由于开挖边坡主要为全～强风化,岩体破碎,边坡开挖稳定条件差,可能产生圆弧形边坡失稳,故建议边坡开挖坡比不宜大于 1∶1。由于工程区降水较多,开挖施工中,需及时进行护坡处理。

3.5　主要工程地质问题及场址适宜性评价

3.5.1　主要工程地质问题

3.5.1.1　地应力及岩爆分析

根据室内实验成果，微(新)风化花岗岩容重约为 $26.6×10^3$ kN/m³，饱和抗压强度一般为 80~120 MPa，平均值为 97 MPa。实验大厅最大埋深约为 763 m，根据地应力测试成果，估计实验大厅处地应力值不超过 20 MPa，岩石强度应力比 R_b/σ_m = 4.85。竖井部位 ZK1 钻孔打出的深部岩芯完整性好，在孔底(埋深约 651 m)的岩芯仍呈长柱状(见岩芯相片集)。场区地应力总体近似"静水"应力场，强度应力比一般为 4.5~7，属中等应力场。实验大厅相对靠近侵入岩岩株中心，推测该处岩体完整性好，经综合分析，该部位应力中等，不致产生大的岩爆现象。

3.5.1.2　洞室涌水

工程区地下水主要类型为基岩裂隙水。由于本工程区内发育复式向斜，复式向斜内发育多级次级褶皱，褶皱带内薄层状岩层的岩体结构为极破碎~破碎结构，这导致褶皱带内的透水性较强。由于斜井绝大部分洞段低于地下水位，施工中将出现较大涌水。

深部花岗岩为微透水岩体，透水率平均值约为 0.7 Lu，实验大厅的初期最大涌水量及长期(稳定)涌水量较小。

3.5.1.3　外水压力

根据压水实验成果，工程区弱风化及以下的花岗岩透水率一般小于 1 Lu，岩体透水性为微透水。ZK2 内地下水埋深为 186 m，高程为 82.64 m，实验大厅最底部底板高程为 -495.15 m，地下水位至底板高差为 577.79 m。根据《水利水电工程地质勘察规范(2022年版)》(GB 50487—2008)附录 W，微透水岩体外水压力折减系数为 0.1~0.2，则实验大厅承受的有效外水水头仅为 58~116 m，相应压力为 0.58~1.16 MPa。花岗岩的节理裂隙绝大部分在外水压力作用下没有发生变化，多属素流型，少部分为充填型，未发现扩张或冲蚀现象。综上所述可知，实验大厅处的外水压力较小，外水压力对实验大厅的洞室稳定性影响小。

3.5.1.4　地温

从地温测试成果可以看出，地温在地表至 39 m 段，温度随深度的增加而降低，在 39 m 深度左右降到最低值，为 22.1 ℃，这个数值与工程区年平均气温(21.7 ℃)接近。在 39 m 深度以下，温度随深度的增加而升高，在 365 m(高程-229 m)深度达到 30 ℃。365 m 深度以下温度升高幅度变缓，在 542 m 深度升高至 32 ℃后，再往下，地温不再升高，而是在 31~32 ℃变化。

3.5.2　场址适宜性评价

(1)工程区大地构造上属华南褶皱系(Ⅰ)粤北、粤东北—粤中拗陷带(Ⅱ)粤中拗陷(Ⅲ)的阳春—开平凹褶断束(Ⅳ)。近场区、场区无晚更新世以来断层，近场区没有大于

3级地震活动,远场区没有大于5级地震,工程区不存在区域性重磁异常,工程区地震动峰值加速度为0.05g,地震动反应谱特征周期为0.35 s,相应的地震基本烈度为Ⅵ度,工程区区域稳定性程度为稳定。

(2)场区内破裂面构造走向以近SN向为主,其次为NE向,节理面较发育~发育,工程区岩体内的节理裂隙呈紧闭状,岩块间咬合紧密。

(3)斜井沿线以大角度穿越虎山复式向斜,沿线岩体节理裂隙较发育~发育,未发现Ⅱ、Ⅲ级以上规模的结构面分布。隧洞岩性为微透水为主,开挖时存在渗水、滴水现象。斜井进口段Ⅴ类围岩,其他地段以Ⅲ类为主,局部为Ⅳ和Ⅱ类。竖井围岩类别以Ⅱ、Ⅲ类为主,仅洞口段为Ⅳ类。实验大厅及其附属洞室布置于花岗岩体,围岩类别为Ⅱ类,洞室围岩稳定性好,围岩整体稳定。

(4)根据地应力测试成果,场区最大水平地应力一般为10.3~15.8 MPa,实验大厅处最大地应力小于20 MPa,强度应力比一般为4.5~7,属中等应力场,不致产生大的岩爆现象。

第 4 章　工程布置和主要建筑物

4.1　工程总体布置

4.1.1　总体布置原则

（1）实验大厅位置在距阳江核电站和台山核电站约 53 km，实验大厅覆盖层厚要求至少 700 m。

（2）实验站布置充分考虑运行安全、管理方便、交通便利，满足实验站各项功能需要。

（3）工程建设充分考虑节能减排要求，尽量减少对当地生态环境的影响。

（4）水电接入条件便利、可靠。

（5）交通通道满足规程规范和实验设备运输要求条件下线路尽量短，规划合理。

（6）斜井入口区充分考虑工艺使用要求并注重与自然地形的有机结合，在现代绿色理念的模式下，构成丰富的空间层次，塑造一个花园式园区。

（7）满足国家现有相关规程规范的要求。

4.1.2　总体布置

江门中微子实验站配套基建工程主要由地下实验室洞室群和地面附属建筑物组成。

地下实验室洞室群包括实验大厅及其附属洞室和进入实验大厅斜井、竖井两个通道。

地面附属建筑物主要布置在斜井入口区，包括装配大厅、动力中心、综合办公楼、1#~3#住宿楼、绞车房、食堂等建筑物及液闪实验区；竖井入口区主要布置有罐笼机房、动力中心和通风空调机房等建筑物。

工程总建筑面积约 13 497.6 m²，其中地下建筑面积约 5 521 m²；斜井洞口区地上建筑面积 7 648 m²，占地面积约 32 000 m²；竖井区地上总建筑面积 328.6 m²，其中罐笼机房 90 m²、动力中心 226.6 m²、通风空调机房 12 m²。

4.1.2.1　实验大厅及附属洞室布置

实验大厅位于广东省江门市开平市金鸡镇与赤水镇交界处打石山下，山顶高程 268.8 m。

实验大厅主厅为拱顶结构，断面为城门洞形，跨度为 48 m，拱顶起拱高度为 16 m。厅内主要布置内径 42.5 m 的圆形水池，池内安装直径 38.5 m 的球形探测器，池顶地面四周预留不小于 2.75 m 的通行宽度。为便于安装和运行，在斜井平段入口端预留 10 m 长的操作平台。斜井平段侧布置安装间和地下动力中心。

水净化室、液闪处理间、液闪存储间、液闪灌装间等紧邻实验大厅布置，通过环形交通排水廊道连接。实验大厅布置见图 4.1。

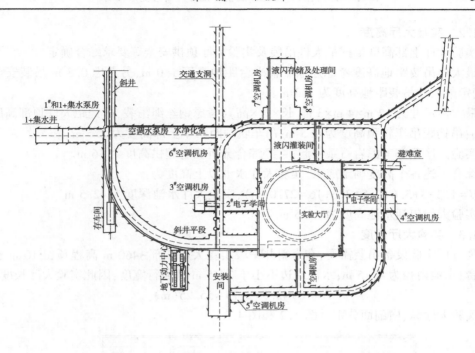

图 4.1　实验大厅平面

4.1.2.2　斜井布置

综合考虑施工、道路及交通条件、运行管理等,可行性研究阶段斜井入口推荐为胜和村场址。根据《江门中微子实验基地详勘(初设)阶段工程地质勘察报告》,对斜井洞线进行优化,确定斜井入口位于胜和村东北约 400 m 的一个沟谷,在满足施工及运行要求条件下,尽量使斜井长度最短,确定斜井坡度为 42.5%(角度 23.02°),长 1 340.6 m(平面长度 1 233.79 m),底高程为 -460 m,通过长 153.3 m 的平段接实验大厅端墙进入实验大厅。

4.1.2.3　竖井布置

根据《江门中微子实验站配套基建工程可行性研究报告》,确定竖井布置在距离实验大厅约 300 m 的东坑石场,竖井围岩以花岗岩为主,较完整,有利于竖井围岩稳定。入口标高 132.00 m,底高程为 -484.30 m,竖井深 616.30 m,内径为 5.50 m,底部通过平洞与实验大厅连接。

4.2　实验大厅及附属洞室设计

4.2.1　实验大厅设计尺寸确定

4.2.1.1　实验大厅宽度

根据中微子实验要求,实验大厅水池内球形探测器直径 38.5 m,水池内径考虑为 42.5 m,水池周边留不小于 2.75 m 宽通行宽度,因此水池上部起拱跨度为:

$$B = 42.5 + 2.75 \times 2 = 48(\text{m})$$

4.2.1.2　实验大厅高度

实验大厅上部高度根据最大件吊装及实验大厅顶拱安全等要求综合确定。

最大件吊装距地高度考虑运输车辆平台距地高度 1.0 m,另考虑 0.3 m 吊装安全距离,确定最大件吊装距地高度为 1.3 m。

最大件尺寸为 12 m×4 m×3 m(长×宽×高),考虑钢丝绳吊装,吊钩距大件顶部高度为 3.6 m;吊钩距吊车轨顶高度为 0.5 m;吊车轨顶距吊车上部高度为 2.6 m。

实验大厅顶部考虑岩石条件起拱,经综合分析确定起拱高度为 16 m。

综合上述各个高度确定成果,实验大厅水池以上高度为:

$H = 1.3+3+3.6+0.5+2.6+16 = 27.0 (m)$,实验大厅水池深度为 42.5 m。

实验大厅包括水池高度为 69.5 m。

4.2.1.3　实验大厅长度

为方便实验设备吊装需要,在靠斜井平段实验大厅端部-460 m 高程预留 10 m 长安装平台;水池内径为 42.5 m;水池周边不小于 2.75 m 宽通行宽度,因此实验大厅长度为:

$$L = 10+42.5+2.75 = 55.25 (m)$$

实验大厅纵、横剖面分别见图 4.2 和图 4.3。

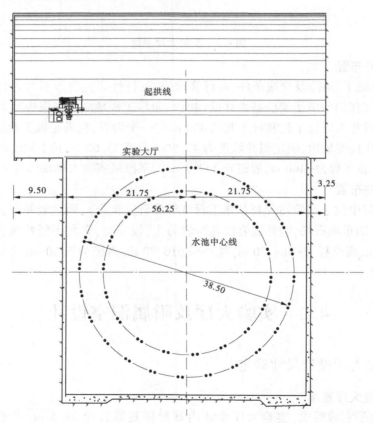

图 4.2　实验大厅纵剖面

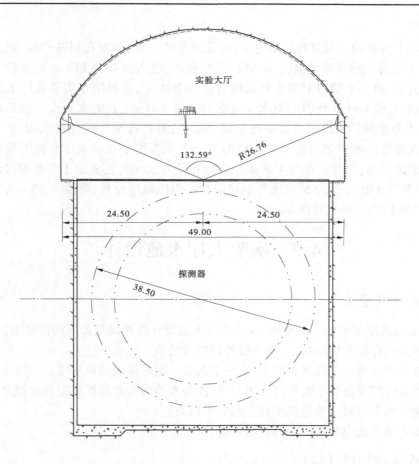

图 4.3　实验大厅横剖面

4.2.2　实验大厅布置

实验大厅为拱顶结构,地面高程−460 m,跨度为 48 m,起拱高度为 16 m,直墙高度为 11 m。厅内主要布置内径 42.5 m 圆形水池,池内安装直径 38.5 m 的球形探测器,水池周边不小于 2.75 m 的通行宽度。斜井为实验装置安装期的主要进入通道,安装期会有大量实验装置零配件的运输和组装,为便于安装和运行,在靠斜井平段实验大厅端部预留 10 m 长的安装平台。

实验大厅布置两台 12.5 t+12.5 t 桥机,跨度 47 m,用于吊运、安装水池内实验设备。

4.2.3　附属洞室布置

实验大厅附属洞室主要包括安装间、液闪处理间、液闪存储间、液闪灌装间、水净化室、电子学间、避难室、集水井泵房、地下动力中心等。

安装间布置在斜井平段,内设一台 10 t+10 t 桥机;液闪处理间设一台 10 t 吊车;液闪存储间内设一台 10 t 吊车和容量 200 m³ 的集液池。其他附属洞室紧邻实验大厅布置,为满足交通疏散和排水需要,沿实验大厅一周设环形交通排水廊道,连接各附属洞室。廊道为城门洞形。

为使地下洞群的渗水及时排至地面,保证洞室的安全,分别在斜井平端、进入斜井约660 m 处、1#交通支洞靠近水池底部部位、竖井底部、进入斜井约 150 m 处各设一个集水井泵房。其中,斜井平端的 1#集水井泵房容量为 200 m³,主要用于实验大厅上部及附属洞室;进入斜井约 660 m 处的 2#集水井泵房容量为 100 m³,1#集水井水沿斜井通道排至2#集水井,2#集水井的水沿斜井通道排至斜井出口,最终排至厂区外排水沟;1#交通支洞靠近水池底部部位的 3#集水井泵房容量为 10 m³,主要用于实验大厅水池围岩渗水及清洗水池废水的排水;竖井底部的 4#集水井泵房容量为 30 m³,主要用于竖井围岩渗水的排水;进入斜井约 150 m 处的 5#集水井泵房结合接力风机房设置,容量为 20 m³,主要用于斜井Ⅳ~Ⅴ类围岩区渗水的排水。

4.3　实验大厅水池设计

4.3.1　设计要求

按照实验大厅水池的实验要求,实验大厅水池设计需要满足如下功能要求:
(1)水池内存放的纯净水,应避免被外界物质污染。
(2)为保证水池内水温基本恒定,水池应具有一定的保温隔热功能。
(3)水池内按设备要求需设置预埋钢件,作为水池内探测器的固定和支撑之用。
(4)地下水不应对水池造成不良影响的水压力差。
(5)能实现水池内实验用水的自由排放。

4.3.2　水池结构设计指标

实验大厅水池内径 42.5 m,深 42.5 m,池内布设直径 38.5 m 的探测器。实验大厅水池内的纯净水水温保持在 20 ℃左右,池内水 20 d 循环一次,循环水量约为 80 m³/h。实验大厅运行周期约 30 年。

4.3.3　水池形式

根据实验要求,实验大厅水池深 42.5 m、内径为 42.5 m,内设直径为 38.5 m 的球形探测器,设计通过对水池受力、探测器支撑方案、工程施工及投资等因素的综合分析,选用水池侧壁结构为圆柱壳,池底结构由环形底板及球冠壳构成,水池剖面形式见图 4.4。固定和支撑探测器的钢柱设置于环形底板上。

4.3.4　水池结构、保温及防排水设计

根据在深孔 ZK1 内的地温测试,地温在地表至 39 m 段,温度随深度的增加而降低,在 39 m 深度左右降到最低值,为 22.1 ℃,这个数值与工程区年平均气温(21.7 ℃)接近。在 39 m 深度以下,温度随深度的增加而升高,在 365 m(高程-229 m)深度达到 30 ℃。365 m 深度以下温度升高幅度变缓,在 542 m 深度升高至 32 ℃后,再往下,地温不再升

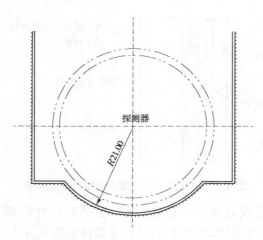

探测器

R21.00

图 4.4　圆形水池形式剖面

高,而是在 31~32 ℃变化。地下水类型以基岩裂隙水为主,水质类型主要为 $SO_4 \cdot HCO_3$ - K+Na 和 SO_4 - K+Na · Ca 型水,根据《岩土工程勘察规范(2009 年版)》(GB 50021— 2001),环境水对混凝土结构具微腐蚀性,对混凝土结构具中等腐蚀性(重碳酸型),对钢筋混凝土中的钢筋在长期浸水条件和干湿交替条件下均具微腐蚀性,对钢筋结构腐蚀性具弱腐蚀性。

　　鉴于实验大厅周边 Ⅱ 类岩体稳定性较好,围岩变形及产生的压力可通过支护措施解决,水池结构在围岩稳定后构建,设计中不再考虑围岩压力对其作用。鉴于工程区地震基本烈度(Ⅵ度)较低,且深埋于山体内的洞室受到周围围岩的强约束,抗震性能优于地面建筑物,设计中不再考虑地震荷载作用。

4.3.4.1　设计方案

　　水池结构形式有钢筋混凝土衬砌、钢结构衬砌等,根据实验大厅水池的功能要求及工程特点,在可行性研究阶段,通过对水池的结构受力、防水、保温及经济合理性等因素的综合分析,确定了采用钢筋混凝土衬砌方案。本实验对水池内纯净水的洁净度要求很高,为满足实验要求,可行性研究阶段采用了不锈钢内衬。

　　本阶段通过对实验要求的深入分析,重点对水池不锈钢层内衬及高密度聚乙烯(HDPE)防水材料进行了研究。与不锈钢层内衬相比,两者均具有良好的防水作用,但HDPE 具有经济(总造价约为不锈钢内衬的 1/10)、施工方便等优势,故推荐采用 HDPE作为水池内衬防水材料。

　　该方案下的水池结构体系由 HDPE、钢筋混凝土衬砌层、保温层、排水层等组成,结构形式如图 4.5 所示。此种结构形式下,钢筋混凝土衬砌及围岩是主要的承载体,两者共同承担内水、外水及温度等荷载的单独或组合作用。HDPE 紧密贴于钢筋混凝土衬砌内侧,仅起密封、保证池内水纯净的作用。保温层的作用是有效减少池内水与周围介质的热量交换。排水层用于排减地下水、降低外水压力对衬砌结构的作用。

4.3.4.2　钢筋混凝土衬砌方案

　　1. 设计标准

　　混凝土衬砌结构按安全等级为一级的结构构件设计,衬砌结构应满足承载力极限状

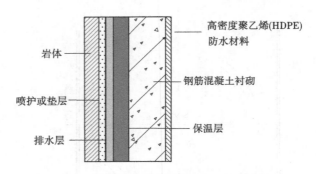

图 4.5　钢筋混凝土衬砌水池结构形式示意

态及正常使用极限状态设计要求。根据《混凝土结构设计标准(2015 年版)》(GB/T 50010—2010),按承载力极限状态设计时,结构重要性系数取为 1.1。混凝土衬砌结构按限裂设计时,根据《混凝土结构设计标准(2015 年版)》(GB/T 50010—2010),并参考《给水排水工程钢筋混凝土水池结构设计规程》(CECS 138—2002)相关规定,最大裂缝宽度按 0.25 mm 计。

2. 排水层设计

实验大厅深埋于地下,其周围可能存在较高的地下水。为降低地下水压力对水池衬砌的作用,采用堵排相结合的排水方案控制地下水对水池衬砌及保温隔热层的作用。工程中常用的地下水排减方式有布设排水孔、排水管、排水板等,其中毛细透排水带是一种新型排水材料,已在国内越江隧道等工程中应用,其通过特殊的构造利用"毛细、虹吸、重力、表面张力"等自然物理现象完成对地下水的收集、排放,具有不易堵塞、抗压力强(20%变形时其抗压强度为 1.6 MPa)、高渗透性(透水系数 0.2 cm/s 以上)、排水效率高(15 cm 的水头宽 20 cm 排水带,每分钟排水量大于 4 L)、无须级配滤层、可与起伏不平地形紧密贴合、施工简单、使用寿命长(采用寿命长的 PVC 复合材料成型)等特点。

结合本工程特点,综合考虑施工难易、排水效果及可靠性等因素,本阶段推荐采用毛细透排水带方案,并与水平及竖直布设的排水管相连构成排水体系,渗水汇至水池底部的集水井。

毛细透排水带宽 20 cm,位于水池侧壁的毛细透排水带垂直贴于初期支护外侧,间距 3 m,下端插入沿水池环向布设的 ϕ 50 PVC 排水管中,同时毛细透排水带上覆盖规格为 350 g/m² 的土工布以防止水泥浆液堵塞排水带。考虑水池较深,侧壁排水带及环向 PVC 排水管分 4 层布设,层内每条排水带长 9 m。位于水池底部的毛细透排水带贴于 10 cm 厚的 C10 素混凝土垫层上,间距 2 m,其余构造与侧壁排水带相同。

3. 保温层设计

根据地勘资料,实验大厅部位地温将达 32 ℃,而实验要求的水池内水温约为 20 ℃。因此,必须采取隔热降温等措施以满足实验要求,同时降低日常运行能耗。目前,工程采用的保温材料可分为有机类保温材料和无机类保温材料两大类,其中:有机类保温材料有聚苯板类保温材料、胶粉聚苯颗粒类保温砂浆、聚氨酯发泡保温材料等,无机类保温材料有岩棉、矿棉、玻璃棉、玻化微珠保温砂浆等。结合本工程特点,综合考虑保温效果、承载能力、施工难易等因素,本阶段推荐在衬砌与围岩间铺设玻化微珠保温砂浆层的方案降低围岩与池内水之间的热量交换。

玻化微珠是一种新型的无机保温材料,是由火山岩或松脂岩粉碎成矿砂,经过特殊膨化烧制而成的。其产品呈不规则球状体颗粒,内部为空腔结构,表面玻化封闭,理化性能稳定,并具有质轻、隔热防火、耐高低温、抗老化、吸水率小等优良特性,是目前无机轻集料保温砂浆中应用最多的保温骨料。由其配制的玻化微珠保温砂浆是一种无机绝热材料,具有强度高、轻质、保温隔热、黏结强度高、防火耐候等优点。该种保温砂浆在性能上克服了膨胀珍珠岩轻骨料吸水性大、易粉化,在施工中体积收缩率大,易造成产品后期强度低和空鼓开裂,降低保温性能等现象;同时又弥补了聚苯颗粒有机材料易燃、防火性差、高温产生有害气体和耐老化、耐候性低以及和易性差、施工中反弹性大等缺陷,大大提高了干粉保温砂浆的综合性能和施工性能。

对于由保温砂浆层和衬砌层组成的热传导体,平面稳态传热量可按下式计算:

$$Q = \frac{\Delta t}{\dfrac{h_1}{k_1 A_1} + \dfrac{h_2}{k_2 A_2}} \tag{4-1}$$

式中:Q 为传热总量;Δt 为围岩与水池内水温差值;A_1、A_2 分别为保温砂浆层、衬砌层的传热面积;k_1、k_2 分别为保温砂浆层、衬砌层的导热系数;h_1、h_2 分别为保温砂浆层、衬砌层的厚度。

玻化微珠保温砂浆的导热系数一般为 $0.04 \sim 0.08$ W/(m·K),抗压强度在 $0.3 \sim 0.8$ MPa,且实验结果表明,玻化微珠保温砂浆的导热系数随其抗压强度的增加而增大。根据目前水池内水深并考虑衬砌自重,为防止保温砂浆被压坏,其抗压强度应不小于 500 kPa。本次计算,玻化微珠保温砂浆的导热系数偏保守地取为 0.08 W/(m·K)。钢筋混凝土衬砌导热系数取为 2.94 W/(m·K)。根据水池内水运行条件,当衬砌厚度为 0.6 m、进出换热器的水温相差 2 ℃时,依式(4-1)计算所得保温砂浆层厚度为 6.0 cm。考虑锚固衬砌的锚杆穿越保温层后将在一定程度上降低保温砂浆层的隔热效果,因此保温砂浆层厚度采用 10 cm。

4. 钢筋混凝土衬砌结构设计

根据《给水排水工程钢筋混凝土水池结构设计规程》(CECS 138—2002)相关规定及水池结构特性,衬砌结构边墙及底板厚度分别按 0.6 m、0.8 m 设计,设计混凝土强度等级为 C30,钢筋混凝土保护层厚度取为 30 mm。

为保证衬砌结构的稳定,提高其抗外水压力的能力,水池侧壁及底板系统锚杆应伸入衬砌。

由于水池衬砌结构体型巨大,且岩体温度与池内水温相差较大,为适应温度变化,考虑在环形底板与圆球壳板板间沿环向设 1 条伸缩缝,沿圆柱壳边墙纵剖面设 8 条贯通式伸缩缝(同一剖面上连同环形底板一起断开),8 条伸缩缝沿边墙周边均布。伸缩缝内防水构造包括橡胶止水带、填缝板和嵌缝材料,其中,橡胶止水带在衬砌内外两侧各布设 1 条。

作用于水池衬砌结构上的荷载包括结构自重、内水压力、外水压力、温度作用。其中结构自重和内水压力为永久作用,外水压力及温度荷载为可变作用。根据《给水排水工程钢筋混凝土水池结构设计规程》《CECS 138—2002》相关规定,荷载作用组合包括 2 种,见表 4.1。

表 4.1 荷载组合

计算工况	永久作用		可变作用	
	结构自重	内水压力	外水压力	温度作用
工况 1 无外水	√	√		√
工况 2 无内水	√		√	√

钢筋混凝土结构重力密度取为 25 kN/m³。内水按设计 44 m 水深产生的静水压力计算。作用于水池结构外侧的水压力将通过相关排水系统削减至最大 44 m 水头,即与内水压力相同。内外水的重力密度均取为 10 kN/m³。围岩温度按 36 ℃计取,施工期环境温度取为 28 ℃,运行期池内水温为 20 ℃。

依照《给水排水工程钢筋混凝土池结构设计规程》《CECS 138—2002》相关规定,结构自重、内水压力、外水压力、温度作用等荷载的分项系数分别为 1.2、1.27、1.27 和 1.4。

按荷载结构法计算所得隧洞衬砌结构内力及配筋结果汇总见表 4.2。

表 4.2 衬砌结构内力及配筋结果汇总

荷载工况				工况 1	工况 2
圆柱壳边墙及环形底板	内力	竖向	轴力/(kN/m)	1 515.4	1 513.9
			弯矩/[(kN·m)/m]	76.6	53.6
		环向	轴力/(kN/m)	1 618.7	1 446.7
			弯矩/[(kN·m)/m]	167.6	175.5
	受力钢筋体积配筋量/(kg/m³)			202.7	191.1
	最大裂缝宽度/(mm)			0.233	0.246
圆球壳底板	内力	竖向	轴力/(kN/m)	2 021.4	2 013.0
			弯矩/[(kN·m)/m]	97.3	94.0
		环向	轴力/(kN/m)	2 062.7	1 984.4
			弯矩/[(kN·m)/m]	151.3	154.0
	受力钢筋体积配筋量/(kg/m³)			179.3	179.3
	最大裂缝宽度/mm			0.225	0.218

4.4　斜井设计

4.4.1　斜井洞线优化

斜井轴线优化布置方案见图4.6。

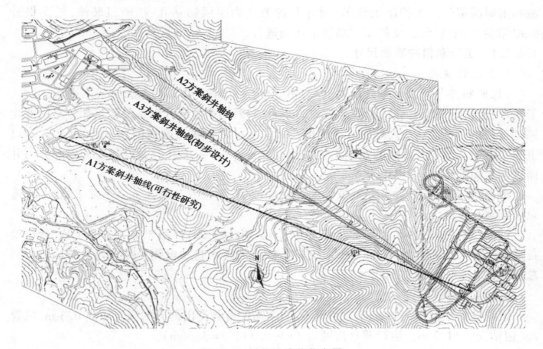

图4.6　斜井轴线优化布置

根据《江门中微子实验基地详勘(初设)阶段工程地质勘察报告》中可行性研究阶段A1方案,进口段发育一条Ⅲ级的逆断层 F_{19},沿线有断层及炭质泥岩。A2方案揭露的基岩为粉砂岩及石英砂岩,未揭露到炭质泥岩,沿线也未发现炭质泥岩及大的断裂构造,A2斜井方案工程地质明显占优。

在避开炭质泥岩的同时,为了远离 A2 方案东北侧的山塘水库及几座可能带来不确定影响的坟墓,并考虑更便于地面建筑布置,将斜井入口移至现 A1 方案和 A2 方案之间的沟谷内,即 A3 方案。调整后 A3 方案沿线地层岩性为粉砂岩、长石石英砂岩、局部夹泥质页岩、角岩和花岗岩,沉积岩类及角岩以薄层状结构为主,少量中厚层状,花岗岩区为块状结构;沿线以大角度穿越虎山复式向斜,沿线岩体节理裂隙较发育~发育,未发现Ⅱ、Ⅲ级以上规模的结构面分布。

A1 方案Ⅴ类围岩水平长约 145 m,Ⅳ类围岩水平长约 490 m,Ⅲ类围岩水平长约420 m,Ⅱ类围岩水平长约 285 m。调整后的 A3 方案Ⅴ类围岩水平长约 146 m,Ⅳ类围岩水平长约 73 m,Ⅲ类围岩水平长约 940 m,Ⅱ类围岩水平长约 181 m。

A3 方案Ⅴ类和Ⅳ类围岩洞段相比 A1 方案有所减少,对工程造价和工期均有利,因此将斜井入口调整至胜和村东北方向约 400 m 的一个宽缓的沟谷内,此入口位置前方地形开阔,便于组织施工和地面建筑物布置。

4.4.2　斜井断面设计

斜井采用城门洞形,断面的确定需满足运行期实验装置安装最大件运输的要求,同时满足施工期运输要求。根据总进度计划安排,斜井主要承担实验大厅水池混凝土材料运输和附属洞室开挖支护施工任务,斜井开挖方法为手风钻钻孔,扒渣机装渣,绞车提升 6 m³ 双箕斗四轨运输,支护工作紧随工作面进行。

4.4.2.1　运行期斜井断面尺寸

1. 宽度的确定

《煤矿斜井井筒及硐室设计规范》(GB 50415—2017)第 3.1.2 条:"采用串车、箕斗、卡轨车、齿轨车或胶套轮机车提升运输的井筒,井筒周边与提升设备最突出部分之间的距离,应符合下列规定:1 人行道从道床顶面起 1.6 m 的铅垂直高度内,必须留有 0.8 m 以上的人行道。2 非人行侧的宽度不得小于 0.3 m。……4 提升运输设备最突出部分与井筒拱部之间的距离,不得小于 0.3 m。"

根据《煤矿斜井井筒及硐室设计规范》(GB 50415—2017)第 3.1.2 条第 1 款,人行道及栏杆宽 0.9 m。

根据《煤矿斜井井筒及硐室设计规范》(GB 50415—2017)第 3.1.2 条第 4 款,运输设备最突出部分的安全距离 0.3 m,最大件宽 4 m,消防水管及电缆桥架宽度 0.2 m。行期总宽度为 0.9+0.3×2+4+0.2=5.7(m)。

2. 高度的确定

运输设备平板车高 1 m,最大件高 3 m,运输设备最突出部分的安全距离 0.3 m,风管高(包括安装)1.3 m。运行期总高度为 1+3+0.3+1.3=5.6(m)。

4.4.2.2　施工期斜井断面尺寸

人行道及到运输设备宽 1 m,施工设备最大宽度为 2 个 6 m³ 箕斗宽 1.8 m×2,设备安全距离 0.3 m×2,电缆桥架及水管 0.2 m。施工期总宽度为 1+1.8×2+0.3×2+0.2=5.4(m)。

基床及轨道高 0.3 m,施工设备最大高度为 ZL-20G 装载机高 3 m,设备距风管安全距离 0.5 m,风管及安装高度 1.7 m。施工期总高度为 0.3+3+0.5+1.7=5.5(m)。

综合运行期及施工期,斜井宽度为 5.7 m、高度为 5.6 m。

斜井提升设备采用一台变频调速绞车,提升速度为 0.4~4 m/s。斜井一侧设置人行道,用于维护人员巡线及紧急情况下人员的疏散。在斜井-37.5 m、-140 m、-242.5 m、-300 m、-345 m 高程人行道侧设置临时避难室。斜井两侧布置有电缆桥架、消防水管、空调水管和液闪管等,顶拱布置空调风管等,如图 4.7 所示。

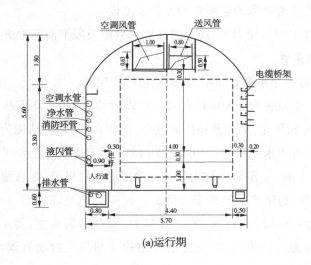

(a)运行期

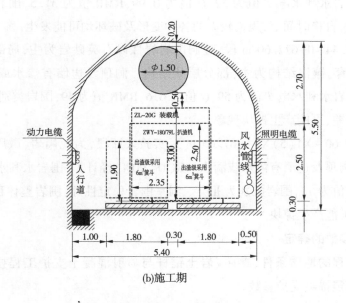

(b)施工期

图 4.7　斜井横断面界限图

　　根据上述分析,斜井入口位于胜和村东北约 400 m 的一个沟谷,入口标高 64.27 m,长为 1 340.6 m(平面长度 1 233.79 m),坡度为 42.5%,净尺寸为 5.7 m×5.6 m(宽×高),通过长 153.3 m 的平段进入实验大厅。

4.4.3　斜井支护结构设计

4.4.3.1　支护结构设计原则

　　(1)斜井主要采用喷锚支护作为永久支护形式,各交叉段、进口处均采用钢筋混凝土衬砌作为永久支护形式。

（2）喷锚支护按围岩类别确定所需的支护强度设计。

（3）支护设计以工程类比为主，选定的支护参数用极限平衡理论进行局部验算。

4.4.3.2　工程地质条件

斜井入口段发育多个小型紧闭褶皱，洞脸边坡稳定差。

（1）进口段（桩号 X0+000～X0+135.62 m），以粉砂岩为主，局部为石英砂岩及泥质页岩，全～强风化，部分弱风化，节理及挤压面发育，泥质充填，碎裂结构为主，部分为镶嵌碎裂结构，洞顶及边墙有渗水或滴水。RQD = 0～15%，经计算，围岩水利水电 T 值为 19，Q 值为 0.13，RMR 值为 10.3，围岩类别为 Ⅴ 类。洞室稳定性极差，无自稳时间或极短，开挖中拱顶出现岩块冒落、边墙产生塑性变形情况。

（2）X0+135.62～0+X202.44 m 段，以粉砂岩、石英砂岩为主，弱～微风化，节理及挤压面较发育，镶嵌碎裂结构为主，部分互层状结构。洞顶及边墙有渗水或滴水。RQD = 30%，经计算，围岩水利水电 T 值为 32，Q 值为 0.99，RMR 值为 31.5，围岩类别为 Ⅳ 类。洞室围岩不稳定，自稳时间短，规模较大的各种变形及破坏均可能发生。

（3）X0+202.44～0+677.60 m 段，隧洞围岩岩性以石英砂岩为主，局部为粉砂岩，微风化，节理较发育，镶嵌结构为主，部分层状结构。洞顶及边墙有渗水或滴水。RQD = 50%，经计算，围岩水利水电 T 值为 59，Q 值为 6.6，RMR 值为 49，围岩类别为 Ⅲ 类。洞室围岩局部稳定性差，可能产生掉块现象。

（4）X0+677.60～X1（5）X1+067.65 m 至实验大厅段，为花岗岩，微风化，节理不发育，块状结构。洞顶及边墙有渗水或滴水。RQD = 90%，经计算，围岩水利水电 T 值为 83，Q 值为 36，RMR 值为 73，围岩类别为 Ⅱ 类。洞室围岩稳定性好，围岩整体稳定，不会产生塑性变形，局部可能产生掉块。

4.4.3.3　支护参数的确定

根据实验工程的地质条件，参照《岩土锚杆与喷射混凝土支护工程技术规范》（GB 50086—2015）确定锚喷支护参数。

第 7.1.1 条规定：隧道与地下工程锚杆和喷射混凝土（喷锚）支护的设计应采用工程类别与监测量测相结合的设计方法。

第 7.3.1 条第 1 款规定：初步设计阶段，应根据本规范表 7.2.1 初步确定的围岩级别和地下洞室尺寸。按表 7.3.1-1（见表 4.3）和表 7.3.1-2 的规定，初步选定锚喷支护类型和参数。

表 4.3　隧洞与斜井的喷锚支护类型和设计参数

围岩级别	开挖跨度 B/m						
	B≤5	5<B≤10	10<B≤15	15<B≤20	20<B≤25	25<B≤30	30<B≤35
I级围岩	不支护	喷混凝土 δ=50	1. 喷混凝土 δ=50~80；2. 喷混凝土 δ=50，布置锚杆 L=2.0~2.5，@1.0~1.5	喷混凝土 δ=100~120，布置锚杆 L=2.5~3.5，@1.25~1.50，必要时，设置钢筋网	钢筋网喷混凝土 δ=120~150，布置锚杆 L=3.0~4.0，@1.5~2.0	钢筋网喷混凝土 δ=150，相间布置锚杆和锚杆，L=4.0~5.0低预应力锚杆，@1.5~2.0	钢筋网喷混凝土 δ=150~200，相间布置锚杆和锚杆，L=6.0低预应力锚杆，@1.5~2.0
II级围岩	喷混凝土 δ=50	1. 喷混凝土 δ=80~100；2. 喷混凝土 δ=50，布置锚杆 L=2.0~2.5，@1.0~1.25	1. 钢筋网喷混凝土 δ=100~120，局部锚杆；2. 喷混凝土 δ=80~100，布置锚杆 L=2.5~3.5，必要时，设置钢筋网	钢筋网喷混凝土 δ=120~150，布置锚杆 L=3.5~4.5，@1.5~2.0	钢筋网喷混凝土 δ=150~200，相间布置 L=3.0低预应力锚杆和锚杆 L=4.5，@1.5~2.0	钢筋网或钢纤维喷混凝土 δ=150~200，相间布置锚杆 L=5.0低预应力锚杆 L=7.0低预应力锚杆，@1.5~2.0，必要时布置 L≥10.0 的预应力锚杆	钢筋网或钢纤维喷混凝土 δ=180~200，相间布置锚杆，8.0低预应力锚杆，@1.5~2.0，必要时布置 L≥10.0 的预应力锚杆
III级围岩		钢筋网喷混凝土 δ=100~150，布置锚杆 L=3.5~5.0，@1.5~2.0，局部加强	钢筋网喷混凝土 δ=100~150，布置锚杆 L=3.5~4.5，@1.5~2.0，局部加强	钢筋网或钢纤维喷混凝土 δ=150~200，布置锚杆 L=3.5~5.0，@1.5~2.0，局部加强	钢筋网或钢纤维喷混凝土 δ=150~200，布置锚杆 L=4.0，6.0低预应力锚杆，@1.5~2.0，局部加强	钢筋网或钢纤维喷混凝土 δ=180~250，相间布置锚杆 L=6.0低预应力锚杆，8.0低预应力锚杆，@1.5，必要时布置 L≥10.0 的预应力锚杆	钢筋网或钢纤维喷混凝土 δ=200~250，相间布置锚杆，9.0低预应力锚杆，@1.2~1.5，必要时布置 L≥15.0 的预应力锚杆

续表 4.3

围岩级别	开挖跨度 B/m						
	B≤5	5<B≤10	10<B≤15	15<B≤20	20<B≤25	25<B≤30	30<B≤35
Ⅳ级围岩	钢筋网喷混凝土 δ = 80 ~ 100，布置锚杆 L=1.5~2.5，@1.0~1.25，设置仰拱和实施二次支护	钢筋网喷混凝土 δ = 120~150，布置低预应力锚杆 L=2.0~3.0，@1.0~1.25，必要时设置仰拱架或钢拱架，必要时设置仰拱和实施二次支护	钢筋网或钢纤维喷混凝土 δ = 200，布置低预应力锚杆 L = 4.0~5.0，@1.0~1.25，局部钢拱架，必要时设置仰拱和实施二次支护	—	—	—	—
Ⅴ级围岩	钢筋网或钢纤维喷混凝土 δ=150，布置锚杆 L=1.5~2.5，@0.75~1.25，设置钢拱架和实施二次支护	钢筋网或钢纤维喷混凝土 δ = 200，布置低预应力锚杆 L = 2.5~3.5，@0.75~1.0，局部钢拱架或格栅拱架，设置仰拱和实施二次支护	—	—	—	—	—

注：1. 表中的支护类型和参数是指隧洞和倾角小于30°的斜井的永久支护，包括初期支护和后期支护的类型及参数。

2. 复合衬砌的隧洞和斜井，初期支护采用表中的参数时，应根据工程具体情况予以减小。

3. 表中凡标明有 1 和 2 两款支护参数时，可根据围岩特性选择其中一种作为设计支护参数。

4. 表中表示范围围岩的支护参数，洞室开挖跨度小时取小值，洞室开挖跨度大时取大值。

5. 二次支护可以是锚喷支护或现浇现浇钢筋混凝土支护。

6. 开挖跨度大于 20 m 的洞室的顶部锚杆宜采用张拉型锚杆。

7. 本表仅适用于顶洞室高跨比 H/B≥1.2情况的锚喷支护设计。

8. 表中符号：L 为锚杆（锚索）长度，m，其直径应与其长度配套协调；@ 为锚杆（锚索）或钢拱架或格栅拱架间距，m；δ 为钢筋网喷混凝土或喷混凝土厚度，mm。

根据地质勘察报告,本阶段按照工程类比初选支护参数,施工阶段将随着实际开挖揭露的地质情况调整优化。支护参数如下:

对斜井Ⅱ类围岩区顶拱采用喷 100 mm 混凝土支护;对Ⅲ类围岩区,采用喷 100 mm 混凝土,φ 22@1.5×1.5,L=2.0 m 砂浆锚杆支护;对Ⅳ类围岩区采用喷 100 mm 混凝土,挂网φ 6.5@0.2×0.2,φ 22@1.5×1.5,L=3 m 砂浆锚杆支护,钢筋混凝土衬砌厚 0.3 m。

对斜井入口及断层破碎带的Ⅴ类围岩采用喷 200 mm 混凝土、挂网φ 6.5@0.2×0.2 和φ 22@1.0×1.0,L=3 m 砂浆锚杆、φ 36@1 m 型钢支护,以适应围岩的变形;同时采用 0.5 m 厚钢筋混凝土衬砌作为永久支护。洞口设置锁口锚杆。

对于隧道交叉部位采用喷 100 mm 混凝土和φ 22@1.5×1.5,L=3.0 m 砂浆锚杆支护并增加锁口锚杆,对断层和节理密集带,除将系统锚杆加长外,另设加强锚杆;对不稳定块体采用随机加强锚杆加固。

4.4.4　洞口边坡支护设计

斜井入口位于胜和村东北方向 400 m 沟谷,洞口处覆盖层为粉质、黏质碎石土,基岩主要为新厂组(O$_{1x}$)灰、灰黑色粉砂岩夹长石石英砂岩及泥质页岩,全风化,局部强风化,岩体破碎,呈散体结构,开挖后可产生圆弧形破坏。入口段发育多个小型紧闭褶皱,厂区边坡及洞脸边坡稳定差,洞口边坡整体采用喷 100 mm 混凝土、挂网φ 6.5@0.2×0.2 和砂浆锚杆φ 25@2×2,L=6 m 喷锚支护。

斜井洞口明拱进洞,局部明挖部位后期回填至初始地面,洞口Ⅳ类围岩处采用φ 36 型钢进行支护,以更好地适应外围岩体的变形。

4.5　竖井设计

4.5.1　竖井布置

竖井入口位于实验大厅西北侧约 270 m 的东坑石场,入口标高 132 m,竖井深 616.30 m,底部通过平段连接实验大厅,平段长 300 m,坡度为 0.3%。竖井入口处设罐笼机房,井口场区另外设通风机房和动力中心。

运行期竖井内主要布置一台罐笼用于人员出入,根据消防要求另设置一个梯子间,用于紧急情况下人员的疏散,平时可以用于设备检修,另外根据通风和电气要求,竖井内布置通风排烟管和电缆井。

竖井罐笼可容纳 12 人左右,内部设无线通信设备;绞车采用交流变频调速,最大提升速度为 6 m/s。绞车采用 PLC 现地控制;罐笼的上下两个站点,均设有召唤按钮,罐笼设有防坠器,最底部设缓冲装置,以保证安全,如图 4.8 所示。

4.5.2　竖井断面设计

竖井断面为圆形,断面满足运行期设备布置及施工期出渣需要。

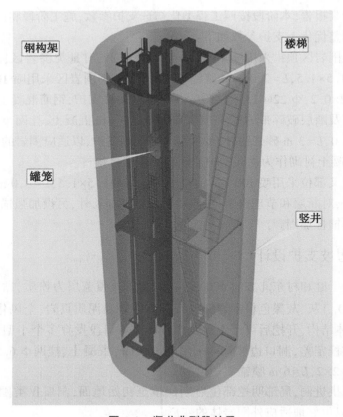

图 4.8　竖井典型段效果

4.5.2.1　运行期断面尺寸

罐笼尺寸:2.92 m×1.45 m。

罐道梁尺寸:0.25 m。

梯子间尺寸:1.5 m×2 m。

排烟管尺寸:ϕ0.8 m×2。

电缆井需 1 m^2。

运行期竖井直径为 4.5 m。断面尺寸见图 4.9。

4.5.2.2　施工期断面尺寸

竖井是实验大厅开挖支护施工的主要通道,其断面尺寸由实验大厅开挖支护强度决定,根据施工总进度计划,竖井需满足 1 200 m^3/d 的出渣强度要求。根据竖井提升能力要求,选用绞车提升 1.5 t 双层二车罐笼提升系统作为实验大厅开挖支护提升设备,依据罐笼尺寸和《金属非金属矿山安全规程》(GB 16423—2020)、《煤矿安全规程》对设备间、设备与周边安全距离要求,初步拟定竖井内径 5.5 m。竖井在凿井期采用一个 4 m^3 吊桶提升,满足进度与设备布置需要。

综合运行期及施工期,竖井直径确定为 5.5 m。断面尺寸见图 4.9。

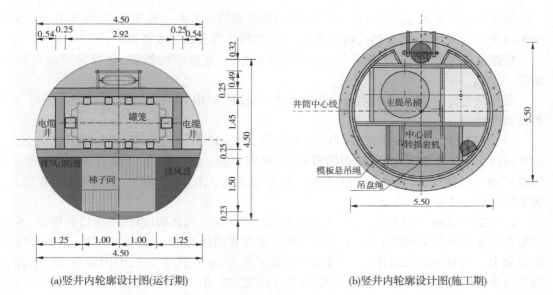

(a)竖井内轮廓设计图(运行期)　　　　　　(b)竖井内轮廓设计图(施工期)

图 4.9　竖井横断面界限

4.5.3　竖井支护结构设计

4.5.3.1　支护结构设计原则

根据《煤矿立井井筒及硐室设计规范》(GB 50384—2016),普通法凿井的井筒宜采用整体灌注混凝土、钢筋混凝土井壁支护。提升井不得采用喷射混凝土和金属网、喷射混凝土及锚杆、金属网、喷射混凝土作为永久支护。

4.5.3.2　工程地质条件

竖井北侧、东侧及南侧均为高 25~35 m 的废弃石料场开采面,根据地表地质测绘,北侧开采面主要发育两组节理:L1,N30°W,NE∠80°~90°,面起伏粗糙,张开,充填岩屑,间距 0.2~0.5 m,延伸 1~2 m;L2,N25°E,SE∠19°,面平直粗糙,紧闭,间距 0.3~2.0 m,延伸 2~3 m。北侧面节理组合未构成不稳定块体。

竖井口东侧发育 F_2 断层,产状:N20°~55°E,SE∠59°~90°,断层带宽 0.5~3 m,带内充填碎裂岩,断层面可见擦痕,延伸长度大于 800 m,为一逆断层,断距不详。上下盘均为灰白色花岗岩,岩体较完整,块状构造,岩石弱~微风化。主要发育三组节理:L3,N5°W,NE∠74°,面平直粗糙,张开,充填铁质、岩屑,间距 1~3 m,延伸长度 20 m;L4,N26°W,NE∠39°,面起伏粗糙,紧闭~微张,无充填,间距 0.05 ~0.4 m,延伸 1~3 m;L5,N38°W,NE∠76°,面起伏粗糙,紧闭~微张,无充填,间距 0.5~1.0 m,延伸 1~2 m。东侧面节理组合未构成不稳定块体。

南侧开采面主要发育四组节理:L6,N46°W,NE∠37°,面起伏粗糙,张开~紧闭,充填铁质、岩屑,间距 0.3~0.5 m,延伸长度 1.0~3.0 m;L7,N10°W,SW∠45°,面平直粗糙,张开,无充填,间距 0.2~0.3 m,延伸长度 0.5~1.0 m;L8,N40°W,NE∠80°,面平直粗糙,紧闭,无充填,间距大于 3 m,延伸长度 10~20 m;L9,N30°E,⊥,面平直粗糙,张开,充填岩屑,间距 0.4~0.5 m,延伸长度 5~10 m。南侧面 L6 和 L7 节理组合构成不稳定块体。

竖井距花岗岩侵入边界较近,在该区域内的节理裂隙及断层较发育,在地表附近见 5 条不同规模的断层出露,在钻孔内揭露到 11 条规模不等的断层或挤压带。

根据钻探揭露,竖井口有采石场弃渣,厚 6.2 m,弃渣结构松散,建议将弃渣全部清除。

根据勘察资料,结合水利水电分类标准、Q 系统及 RMR 围岩分类标准,对竖井围岩分类预测评价如下:

(1)井口 132~120 m 高程段:为竖井进口段,段长 12 m,岩性为花岗岩,弱风化为主,仅井口约 3.6 m 为强风化,节理裂隙较发育,镶嵌碎裂~块状结构,边墙有渗水或滴水。RQD=70%,经计算,围岩水利水电 T 值为 34,Q 值为 0.5,RMR 值为 38,围岩类别为Ⅳ类。洞室围岩稳定性差。

(2)120~−188 m 高程段:岩性为花岗岩,微风化为主,局部弱风化,根据钻孔揭露,本段发育多条小的断层和挤压面(Ⅳ级结构面),次块状结构为主,局部块状结构,边墙有渗水或滴水。RQD=80%,经计算,围岩水利水电 T 值为 60,Q 值为 7.5,RMR 值为 52,围岩类别为Ⅲ类。围岩局部稳定性差,井壁局部可能发生掉块。

(3)−188 m 高程至井底段:岩性为花岗岩,微风化~新鲜,岩体完整,块状结构,局部次块状结构,边墙有渗水或滴水。RQD=90%,经计算,围岩水利水电 T 值为 74,Q 值为 22.3,RMR 值为 64,围岩类别为Ⅱ类。井壁围岩稳定性好,围岩整体稳定,不会产生塑性变形,局部可能产生掉块。

4.5.3.3　支护参数的确定

根据《煤矿立井井筒及硐室设计规范》(GB 50384—2016),基岩段井筒的井壁厚度可采用表 4.4 推荐的经验数值。

表 4.4　基岩井壁厚度经验数值

井筒直径/m	井壁厚度/mm			壁后充填厚度/mm
	混凝土	料石	混凝土砌块	
3.0~4.5	300	300~350	400	
4.5~5.0	300~350	350~400	400	
5.0~6.0	350~400	400~450	500	混凝土砌块、料石井壁的壁后充填为 100 mm;现浇混凝土为 0
6.0~7.0	400~450	450~500	500	
7.0~8.0	450~500	500	600	

注:1. 本表厚度不包括壁后充填。

　　2. 混凝土强度等级不得小于 C25。

　　3. 本表适用于深度不大于 600 m 的井筒,对于深度大于 600 m 的井筒,可适当加大井壁厚度或提高混凝土强度等级。

参考表 4.4,根据工程类比法,竖井全断面采用混凝土衬砌支护,洞口受 F_2 断层影响,采用钢筋混凝土全断面衬砌,Ⅱ类围岩区采用素混凝土全断面衬砌。

4.5.4　洞口边坡支护设计

为保证施工和运行期永久安全,洞口边坡需进行稳定分析。

竖井北侧、东侧及南侧均为高25~35 m的废弃石料场开采边坡,根据地表地质测绘节理分布,通过赤平投影分析,节理组合均未构成不稳定块体,洞口边坡整体采用喷锚支护。

设计时根据地质节理断层产状,对边坡进行整体稳定分析,制定合理的开挖坡比和支护措施,竖井进洞前先对边坡进行开挖支护处理,保证施工期及运行期洞口区边坡稳定。洞口边坡整体采用喷100 mm混凝土、挂网$\phi 6.5@0.2\times0.2$和砂浆锚杆$\phi 25@1.5\times1.5$,$L=4.5$ m喷锚支护。

4.6　洞群防排水设计

4.6.1　设计原则

实验大厅防排水设计应满足国家颁布的《地下工程防水技术规范》(GB 50108—2008)的要求,并遵循"防、排、截、堵相结合,因地制宜,综合治理"的原则,保证实验大厅结构物和实验设备的正常使用和实验安全。实验大厅防排水设计应对地下水妥善处理,要形成一个完整通畅的防排水系统。实验大厅防水等级为二级,不允许漏水,结构表面可以有少量湿浸,总湿浸面积不应大于总防水面积(包括顶板、墙面、地面)的1/1 000;任意100 m^{2}防水面积上的湿浸不超过1处,单个湿浸的最大面积不大于0.1 m^2。

4.6.2　主要防排水措施

实验大厅岩石类别相对较好,其衬砌结构形式采用喷锚网联合支护,主要防排水措施是利用钢纤维混凝土良好的防裂防水作用,同时根据渗水点位置设置随机排水管,从而满足实验大厅的防水要求。

(1)实验大厅顶拱和边墙渗漏水通过排水管汇集后,经排水沟汇入交通排水廊道内的1$^\#$集水井泵房,通过集水井深井泵排到地面排水沟。

(2)实验大厅水池排水通过水池外侧埋设的排水暗管汇集,排入水池底部廊道内的2$^\#$集水井,通过排水泵将水排入排水沟内,该排水沟和交通排水廊道主集水井泵房连通,汇入1$^\#$集水井排出。

(3)斜井Ⅳ、Ⅴ级围岩地段和地下水发育地段采用复合式衬砌。

(4)对于斜井、竖井和隧道地下水特别发育地段,采取注浆堵水措施(深孔注浆、周边注浆、拱部注浆等),达到控制流量、降低水压、防止突发性事故的目的。

(5)在隧道两侧设置纵向排水沟,引至集水井泵房,通过排水泵排到地面。

(6)对围岩渗漏水,根据漏水情况采用不同的引排措施:分散的单个漏水点,当水量不大时,采用排水管引排;大面积的渗漏水采用防水板引排。

(7)竖井口:在竖井边坡顶部周围设截水沟,在厂区周边设排水沟,排水沟与附近冲沟连通;竖井口山坡上的雨水采用跌水坎引至排水沟;竖井洞口机房地面高于洞外地面至少 0.5 m,防止洞外水进入竖井。

（8）斜井洞口：在斜井洞口边坡设置截水沟将雨水引排至斜井进口场地排水沟内，在距洞口 1.5 m 外设一道横向截水沟，截水沟与洞外排水系统相连。斜井洞口仰坡外设截水天沟，并予以铺砌，截水天沟离开挖边缘的距离不小于 5 m；斜井洞口附近砌筑混凝土挡水坎、路面浇筑混凝土条带作为挡水减速坎。

第5章 实验大厅成洞条件及支护合理性论证

实验大厅同时存在深埋和大跨度的特点,从理论上讲,需要同时关注岩体非线性、岩体力学特性的围压效应、岩体力学特性的尺寸效应以及岩体的非连续性特性,这些特点从根本上决定了问题的复杂性,对前期勘察和调查、分析、设计、施工技术等都提出了高要求。本章首先从宏观角度评价实验大厅成洞条件,然后分析支护系统合理性。

5.1 实验大厅围岩稳定宏观评价

5.1.1 围岩潜在问题类型与控制因素

地下工程开挖以后围岩潜在问题类型和风险程度取决于两个方面的因素:一是岩体地质条件,以岩体地应力水平和岩体强度为代表性指标;二是开挖尺寸和形态等工程因素。当可以确定这两个方面的因素时,根据世界上目前已经建立起来的一些方法和手段,即可以帮助判断洞室开挖以后潜在问题的类型和风险程度。

实验大厅潜在最主要的问题是顶拱围岩稳定,49 m 的开挖直径或跨度是影响围岩稳定安全的关键性工程因素,其次是 730 m 的埋深。而影响围岩稳定性的地质条件主要采用最大主应力水平、岩石单轴抗压强度以及岩体单轴抗压强度指标衡量,这些指标及其取值列于表 5.1。

表 5.1 实验大厅顶拱围岩稳定特征经验判断基本参数指标

指标	数值	说明
尺寸/m	49	跨度或直径
埋深/m	730	取最大埋深
最大主应力/MPa	26.68	
最小主应力/MPa	17.03	
岩石单轴抗压强度/MPa	75	天然状态强度
岩体单轴抗压强度/MPa	34.90	以Ⅱ类围岩考虑(GSI=70)
	27.22	以Ⅱ~Ⅲ类中间情形考虑(GSI=60)
	21.71	以Ⅲ类围岩考虑(GSI=50)

图 5.1 表示了围岩变形量和围岩条件的一般关系,其中变形量采用收敛应变表示,定义为收敛变形和开挖直径/跨度之比,围岩条件系岩体单轴抗压强度与围岩最大初始主应力的比值。图 5.1 中的曲线显示,当横坐标的强度应力比值小于 0.3 时,洞室开挖以后围

岩变形量与围岩条件的关系比较敏感,收敛应变值较大。一般认为,当强度应力比小于0.3时,围岩存在变形问题风险。

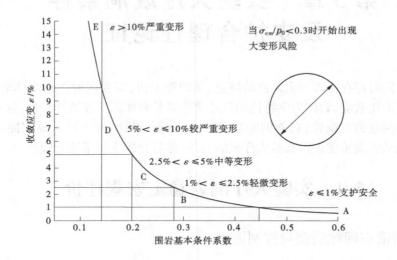

图 5.1　围岩变形量和围岩基本条件的一般关系

注:1. 收敛应变二收敛变形/开挖跨度;2. 围岩基本条件系数二岩体单轴抗压强度/围岩最大初始主应力。

　　如表 5.1 所示,Ⅱ类、Ⅱ类与Ⅲ类之间、Ⅲ类围岩的岩体单轴抗压强度值分别为34.90 MPa、27.22 MPa、21.71 MPa,与最大主应力的比值分别为 1.3、1.0、0.8,这几个数值均超出图 5.1 中横轴的最大值范围,也显著大于上述 0.3 的临界比值,即实验大厅开挖以后并不存在明显的整体性变形和变形稳定问题。注意这并不是说围岩绝对变形量小,而是变形量与开挖尺寸的比值相对很小,鉴于实验大厅跨度大,开挖以后围岩绝对变形量仍然有可能保持一个相对较高的量值,但变形失稳风险较低。

　　实验大厅较大的埋深使得工程中比较关注潜在高应力破坏风险,特别是潜在岩爆风险程度。图 5.2 表示了围岩高应力破坏风险的经验判据,可以帮助大致判断潜在的围岩高应力破坏风险程度。

　　根据表 5.1 所列参数指标值,实验大厅所在部位 SRF 值为 0.84。根据图 5.2 的经验判据,存在中等破坏风险,即可能出现片帮为代表的破坏现象。不过,引用这一经验性判断准则时,需要注意如下两个环节:

　　(1)该准则最佳适用条件为岩石单轴抗压强度大于 120 MPa 的完整岩体,根据目前具备的资料,天然条件下花岗岩的单轴抗压强度仅为 75 MPa,与经验值相比明显偏低(单轴抗压强度增高以后 SRF 值相应减低)。如果该实验结果可靠,则可以认为由于岩石强度相对较低,缺乏积累高应变能的物质条件,不具备导致剧烈型高应力破坏如岩爆的条件,但形式缓和的应力破坏如劈裂损伤等可以非常普遍。

　　(2)该判断准则适应于构造相对简单的一般地质条件,实验大厅所在岩体特定的侵入接触构造可能导致地应力异常,往往偏向于加剧高应力破坏风险,也使得判断结果的可靠性降低。

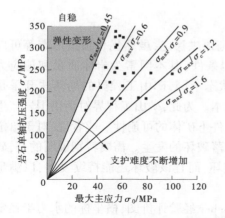

$$SRF = \frac{3\sigma_1 - \sigma_3}{\sigma_c}$$

风险分级	SRF	说明
低风险	0.45~0.6	1.最佳适用条件为岩石单轴抗压强度超过120 MPa，低于80 MPa基本不适用；
中等风险	0.6~0.9	
高风险	0.9~1.2	
极高风险	>1.2	2.遇向斜核部时将风险程度提高一级；刚性断裂、岩脉发育时需要专门分析

图 5.2　围岩高应力破坏风险的经验判据

从一般条件看,实验大厅围岩开挖的高应力破坏应主要表现为破裂松弛,缺乏产生岩爆破坏的条件。然而,花岗岩特定的侵入接触构造导致了问题的复杂性,使得经验判断结果的可靠性受到影响。当现场洞室掘进到花岗岩体内时,围岩开挖响应特征可以准确无误地揭示围岩高应力风险程度,在缺乏深入勘探和研究的条件下,工程施工期现场巡视收集第一手资料显得非常重要。从现场钻探记录和岩芯情况看,花岗岩内结构面透水性似乎较好,此时一般对应较低的地应力环境,即钻探获得的资料并不指示侵入体存在异常的地应力升高迹象。

一般认为,当岩体初始主应力与岩石单轴抗压强度之比小于 0.33、开挖跨度与结构面间距之比大于 10 时,结构面切割块体稳定问题相对普遍。根据表 5.1 所列资料,实验大厅应力水平与岩石强度之比大约为 0.33,考虑到岩石强度实验结果可能偏低,现实中该比值可能更小。考虑到实验大厅 52 m 的跨度,显然很容易满足上述第二个方面的条件,因此结构面变形和块体破坏可以成为洞室围岩潜在的主要问题。

考虑大跨度洞室岩体力学特性所表现出的尺寸效应,随着开挖洞径的增大,围岩强度和脆性特征降低,高应力破坏风险和程度也相对减低,但此时结构面控制的变形和稳定风险会增高。

根据既往经验总结和实验大厅基本条件,实验大厅开挖过程和开挖以后围岩的基本状态评价如下:

(1)开挖过程中洞室尺寸相对不大(如 20 m 量级以内)时,围岩可能存在中等程度的高应力破坏风险,综合考虑各种条件,很可能表现为围岩开挖一段时间以后出现破裂松弛现象。一般不会出现岩爆形式的破坏,且随着开挖洞径增大,这种风险进一步减弱。

(2)随着实验大厅开挖尺寸的增大,结构面变形和块体破坏的风险不断增大,并成为顶拱围岩潜在最主要的变形和失稳方式。

由此可见,实验大厅开挖过程中围岩潜在破坏形式和性质存在一个变化的过程,因此围岩系统支护既需要能有效抑制开挖早期阶段围岩破裂松弛现象,而且需要有效控制结构面变形和维持块体稳定。

5.1.2　实验大厅成洞条件宏观评价

大跨度地下洞室开挖时关心的一个基本问题是顶拱稳定,虽然优化顶拱形态等可以提高围岩稳定性,但决定因素还是开挖跨度和围岩条件(基本因素为岩体质量和地应力水平)。与民用工程中尽可能维持地下洞室稳定状态不同,矿山工程界的崩落法开采是希望顶拱围岩出现破坏和产生崩落,以节省开采成本。为此,矿山工程界对顶拱围岩产生破坏和崩落的条件进行了广泛研究,以评价给定条件下矿体的可崩性。或者说,对于给定的矿体条件,需要开挖多大的开挖面积才能导致崩落破坏的发生。需要特别说明的是,矿山界对崩落法中崩落有着特别的定义:不仅出现破坏,而且该破坏还能持续发展,以满足工业生产的需要。

图 5.3 为矿体崩落法开采评价中常用的 Laubscher 经验评价图,横坐标的水力半径定义为开挖面面积和周长的比值,纵坐标为 MRMR(矿山 RMR)值,是在传统 RMR 基础上考虑结构面方位、地应力状态等以后的修正值。对于江门中微子实验大厅穹顶方案而言,除非缓倾节理发育,否则 RMR 和 MRMR 取值非常接近。拱顶方案中由于轴线方向长度相对不大,为 69.25 m,仅为 1.33 倍开挖跨度,结构面和地应力方位与长轴方向交角关系的影响也相对不突出,为此本次评价中可以暂时将 MRMR 视同为 RMR。

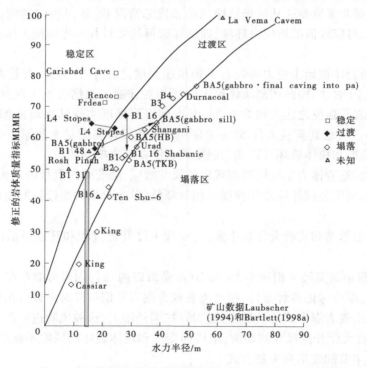

图 5.3　矿体崩落法开采评价中常用的 Laubscher 经验评价图

对于给定的岩体而言,根据图 5.3,只要水力半径增大一定数值,就可以导致岩体的崩落破坏,即都出现连续的失稳。穹顶方案和拱顶方案所对应的水力半径值分别为 13 和 14.8,后者略大一些,也意味着整体稳定性相对略差一些。根据图 5.3,当水力半径值在

13~15 的水平时,维持开挖顶板稳定所对应的 RMR 值非常接近 50,相当于水电分类中标准的Ⅲ类围岩(Ⅲ类中间情形)。或者说,对于实验大厅而言,根据矿山行业的实践经验,当围岩质量达到Ⅲ类以上时,才可以满足成洞的最低要求。对于高能物理学研究的实验大厅而言,其工程安全性显然不能只限于满足成洞的最低要求,还必须具备足够的安全系数,因此要求围岩质量优于Ⅲ类。根据前期勘察结果,实验大厅围岩以Ⅱ类为主,因此实验大厅具有良好的成洞条件。

5.2　实验大厅系统支护合理性论证

5.2.1　实验大厅支护方案

围岩支护设计是一项同时体现经验性和艺术性的工作,其中的经验性指对既往工程经验的继承,一个工程的围岩支护设计不可能从零开始,而是继承和吸取既往工程经验;艺术性指对具体工程问题特点的针对性,在安全性和经济性方面取得平衡。围岩支护方案论证从对围岩潜在问题控制程度(支护效果)和支护本身的安全性两个角度开展工作,已有的设计方案是工作基础。

图 5.4 为实验大厅典型断面的支护设计方案,具体叙述如下。

5.2.1.1　上部结构顶拱

采用系统锚索、系统锚杆和喷层支护,具体参数为:

(1)锚索。2 000 kN,$L=30$ m,间排距 4 m。

(2)锚杆。普通砂浆锚杆和预应力锚杆间隔布置,其中普通砂浆 $\phi=32$,$L=12$ m,间排距 2 m;预应力锚杆长度 6 m,其余与砂浆锚杆相同。

(3)喷层。分两期,初期喷层厚度 10 cm,二期喷层厚度 20 cm。

(4)钢筋网。$\phi 8$,间排距均为 20 cm。

5.2.1.2　上部结构边墙

(1)锚杆。$L=12$ m 和 $L=6$ m 两种长度间隔,均为预应力锚杆 $\phi=32$,$L=12$ m,两种长度锚杆的间排距 3 m(综合 1.5 m)。

(2)喷层。分两期,初期喷层厚度 10 cm,二期喷层厚度 20 cm。

(3)钢筋网。$\phi 8$,间排距均为 20 cm。

5.2.1.3　水池边墙

(1)锚索。三排 2 000 kN 预应力锚索布置在顶板以下 2 m、6.5 m 和 11 m 部位,长 30 m,间距 4.5。

(2)锚杆。$L=12$ m 砂浆锚杆和 $L=6$ m 预应力锚杆两种形式,直径均为 32 mm,间排距各为 4 m(综合 2 m)。

(3)喷层。分两期,初期喷层厚度 10 cm,二期喷层厚度 20 cm。

(4)钢筋网。$\phi 8$,间排距均为 20 cm。

(5)混凝土衬砌。因结构需要,开挖完成以后采用 60 cm 混凝土衬砌。

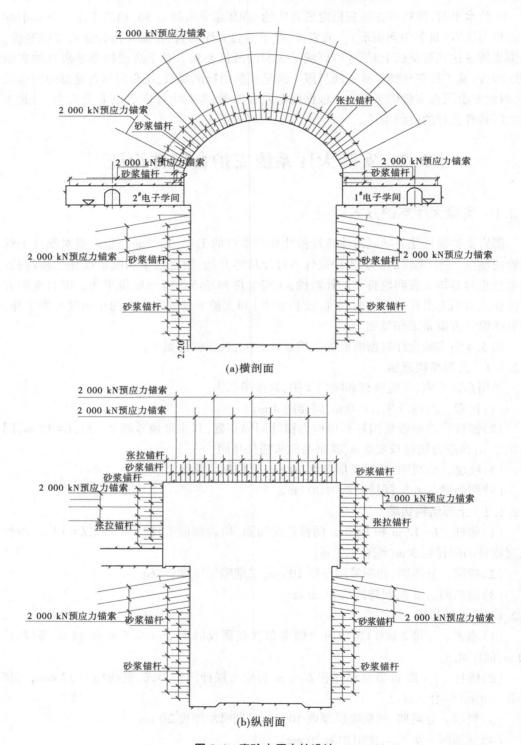

(a)横剖面

(b)纵剖面

图 5.4 实验大厅支护设计

5.2.2　支护系统作用机制

依据既有研究成果与经验,从围岩基本构成角度出发,针对其中的岩块与结构面对象,支护系统总体涵盖两部分作用机制。

对岩块而言,在支护力增加及其力学性质围压效应的综合作用下,岩块强度性质可以因支护作用而得到相应提高,在分析工作环节,上述支护机制可以通过引入针对性的本构模型进行合理描述,如采用 Hoek-Brown 本构模拟岩体开挖响应,随支护力变化,岩体力学性质的围压效应可以自动得到体现。

岩体内裂隙对象的支护作用机制或节理锚固效应要相对复杂得多。针对锚杆/索这一典型支护类型,节理锚固效应构成及其内在机制主要包括:

(1)支护结构变形受力是包含节理对象参与的相互作用过程,支护结构以产生锚固效应的方式影响节理剪切强度,特别地,锚固效应销钉效应(锚固体自身提供抗剪能力)与摩擦效应(支护结构导致节理面法向有效应力变化,从而影响摩擦强度)两部分构成,分别体现了对节理强度构成分量,即黏结强度与摩擦强度的贡献。

(2)除在极硬岩条件及其锚杆(索)与节理面垂直布置这一特殊前提下,锚固效应以销钉效应为主,即摩擦效应极为有限的情况外,现实工程实践中,销钉效应与摩擦效应对节理抗剪强度的影响总体同样重要,而作用程度或相对关系除显著取决于锚杆(索)布置方式、节理面摩擦角外,还与锚固体、岩体变形性质等密切相关。

(3)节理面粗糙条件即摩擦角是锚固体承载力发挥的重要影响因素之一,依据实验研究成果,在其他条件指定的前提下,一定的节理面摩擦角性质变化可以导致达到50%的承载力差异。

(4)布置方式,即锚固体轴向与节理面之间夹角关系可以显著影响销钉效应与摩擦效应之间的相对关系,一般地,随锚固角的增加,销钉、摩擦作用分别与之成反比与正比关系。

(5)与强度性质一致,锚固体变形性质也决定了系统承载能力。现实工程实践中,锚固体类型(变形性质)应视问题性质进行针对性选型。

(6)预应力不会影响锚固体极限承载力,作用更多体现为强化支护结构对围岩变形的控制能力。

基于上述认识,针对实验大厅问题的性质,即应力水平不高的前提下,支护选型在保证强度的同时,应具有适当的刚性性质,以满足控制块体变形的首要现实需求;另外,预应力的采用也是抑制围岩变形的有效措施之一。

江门中微子实验大厅围岩内裂隙较为发育,其中陡倾裂隙是导致围岩出现不利块体变形的控制性因素,支护系统应更多体现对这些结构面组合的作用,可以考虑采用结构面在工程结构不同部位的揭露特点及其变形响应性质作为支护方案优化的重要依据之一。

5.2.3　支护方案的经验性评价

5.2.3.1　基于 Q 系统的评价

除 Q 系统等少数方法外,绝大部分围岩支护设计的经验方法,主要针对某个参考直径的圆形洞室,如基于 RMR 围岩质量分类系统的支护设计,针对的是 10 m 直径的隧洞。Q 系统考虑了开挖尺寸的变化,从理论上讲,可以用于帮助评价中微子实验大厅围岩支护设计方案的合理性。

需要指出的是,Q 系统也属于经验方法,来源于大量工程实践总结(早起的 Q 系统引用了 600 多个工程实例),其中的大部分为埋深不超过 600 m 的隧洞,大跨度深埋洞室的案例很少。因此,仅具备参考价值。

Q 系统中锚杆长度直接取决于开挖跨度,其经验公式为:

$$L = 0.15B + 2 \tag{5-1}$$

式中: L 为锚杆长度,mm; B 为开挖跨度,m。

根据这些经验公式,49 m 跨度洞室顶拱锚杆长度应为 9.35 m。注意:这一长度不考虑锚索,当中微子实验大厅增加锚索以后,系统锚杆长度可以相对短一些。在综合考虑施工便利程度和工期要求以后,6 m 和 9 m 间隔布置的系统锚杆具有良好的合理性。一方面,体现了施加锚索以后对深部支护力要求的降低,具备减小锚杆长度的条件;另一方面,较短的锚杆具有更好的现场施工操作性,能够实现早期开挖以后的及时支护。

如图 5.5 所示,Q 系统中对锚杆间距设计需要考虑围岩质量、跨度和其他支护的联合作用,注意上述设计中并不考虑锚索作用,系统支护设计只包括喷层和锚杆。注意:喷层能够提供的支护力大小与开挖跨度密切相关,比如,90 mm 厚优质喷层可以为 10 m 直径的隧洞提供大约 0.76 MPa 的支护压力,显著大于一般的系统锚杆;而同样的喷层施加在49 m 跨度的顶拱时,其支护压力降低到 0.15 MPa 的水平。鉴于这一特点,在使用上述 Q 系统时,需要特别注意所建议喷层厚度的实际支护能力。

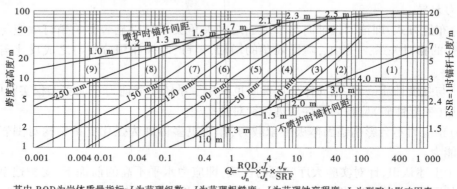

其中,RQD 为岩体质量指标; J_n 为节理组数; J_r 为节理粗糙度; J_a 为节理蚀变程度; J_w 为裂隙水影响因素; SRF 为地应力影响因素。

加固类别:
(1)无支护。
(2)随机锚固。
(3)系统锚固。
(4)系统锚固加40~100 mm厚素砂浆混凝土。
(5)锚固加50~90 mm纤维砂浆混凝土。
(6)锚固加90~120 mm纤维砂浆混凝土。
(7)锚固加120~150 mm纤维砂浆混凝土。
(8)锚固,加肋及大于150 mm厚加纤维砂浆混凝土。
(9)浇筑混凝土衬砌。

图 5.5　围岩系统支护的经验设计 Q 系统

根据地质报告的资料,实验大厅围岩 Q 值为 30 左右,实验大厅顶拱跨度为 49 m。综合地,Q 系统推荐的系统喷锚支护参数为:

(1)加纤厚度 50~90 mm。

（2）锚杆间距 2.5 m 左右，长度 10 m 左右。

Q 系统建议的锚杆间距显著大于设计值，需要从两个角度理解这一差别：首先是 Q 系统缺少大跨度案例，喷层厚度设计建立在较小跨度洞室基础上，相对夸大了在大跨度洞室的支护效果。因此，在中微子实验大厅使用 Q 系统时，需要通过减小锚杆间距来消除这一影响。也就是说，中微子实验大厅实际采用的锚杆间距应小于 Q 系统建议值。

其次，Q 系统建议的锚杆间距显著大于目前的设计值，一定程度上表明设计的锚杆间距存在优化可能性。鉴于中微子实验大厅围岩质量的不确定性，具体的支护优化设计需要依赖于确切的围岩质量资料和必要的论证。因此，具有现实意义的优化需要在现场施工进入花岗岩体内、对揭露的实验大厅附近围岩进行必要的现场岩石力学编录。

5.2.3.2　工程类比评价

如上所述，Q 系统仅给出系统锚杆和喷层组成的支护系统和相应的支护参数，并没有涉及锚索，但这不意味着大跨度洞室不需要施加锚索。虽然部分水电站地下厂房（如广东惠州、深圳、清远等地的抽水蓄能电站地下厂房）都基本不使用锚索，但大多数大跨度地下洞室都使用了锚索。譬如，锦屏一级水电站尾水调压室，在开挖前并没有设计使用系统锚索支护，但施工期在穹顶仍然增加了系统锚索。总体上，跨度的增加直接影响到围岩拱效应和自身承载能力，因此跨度越大时，对锚索支护的需求显著增大。

图 5.6 给出了 Hoek 等对一些大跨度工程锚固支护类型的统计，结果显示，这些工程中当跨度小于 22 m 时，均没有使用锚索，而超过该跨度以后均采用了系统锚索。根据对这些工程的统计，顶拱锚索长度基本满足 $L \geq 0.4B$ 的关系。

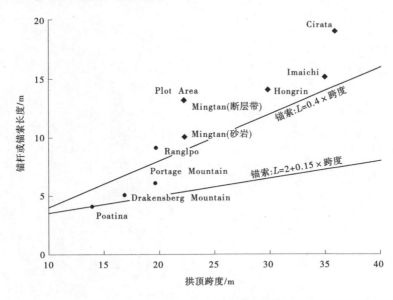

图 5.6　若干工程锚固类型案例

根据图 5.6 所列案例总结，中微子实验大厅顶拱需要采用系统锚索，且锚索长度不应小于 20 m。

白鹤滩水电站地下厂房跨度 34 m，左岸埋深 200～300 m、右岸平均在 400 m 的量级水平,两岸厂房顶拱都采用了系统锚索,长度达到25~30 m,间距3.5 m,预张拉力2 000~2 500 kN。

挪威地下冰球场跨度达到60 m量级,顶拱布置的系统预应力锚索是保证围岩安全的重要工程措施之一。

以上工程案例的分析显示,江门中微子实验大厅有必要采用系统锚索的支护方式,但具体的参数可以根据围岩稳定条件具体设计和优化。在前期缺乏直接资料的情况下,偏保守的设计符合工程安全要求。

第二篇 超大跨度地下洞室
围岩稳定分析

第1章　绪　论

1.1　国内外研究现状

1.1.1　地下洞室围岩稳定分析现状

地下洞室围岩稳定问题一直是学术界和工程界重点关注的问题之一。近几十年来，随着岩石力学、计算机技术、监测技术水平的飞速提升，国内外学者在岩体结构和力学特性、围岩失稳机制、岩体与支护系统相互作用等方面取得了大量研究成果，为围岩稳定性评价提供了理论基础。

1.1.1.1　工程地质类比法

工程地质类比法是根据拟建地下洞室的工程地质条件、岩体特性和动态观测资料，结合具有类似条件的已建工程，开展资料的综合分析和对比，从而判断工程区岩体的稳定性。由于岩体地质条件十分复杂，其稳定性和影响因素之间的关系是一个典型的多维非线性系统，很难用一个数学公式准确地概括所有情况。对于具体的地下工程，各影响因素的影响程度也不尽相同，因此采用工程地质类比方法对围岩的整体稳定性进行综合评价有重要工程意义。

围岩分类的实质就是正确认识和反映客观实际，从工程地质的角度对围岩的各种差异进行概括、简化和归纳，然后加以分类，并结合工程特征进行稳定性分析和评价，为设计、施工提供科学的依据。目前已有二十多种围岩分类法，常用的有 RQD 分类（Deer，1969）、RMR 分类（T. Bieniawski，1973）、Q 系统分类（Barton，1974）、Z 系统分类（谷德振，1979）、岩体指数法（Palmstrom，1996）等。

1.1.1.2　块体平衡理论法

围岩局部稳定性分析主要是通过围岩结构确定性模型、概化模型及岩体力学参数研究成果，并结合洞室布置条件，研究由各级结构面相互关联的块体的稳定。块体分析法要求在地质调查、勘探的基础上，对发育特定结构面的围岩，用块体分析方法找出与其他结构面的不利组合，确定滑移方向、滑移面、切割面及其面积，可能的不稳定块体的体积和重量，在考虑重力和围岩应力的作用下，运用块体极限平衡理论，计算由结构面组合块体的局部稳定性，为加固处理提供依据。块体稳定性评价的主要方法有赤平投影、实体比例投影和矢量计算法。这些方法的理论基础是块体理论，目前块体理论分析的方法较多，尤其以石根华的关键块体理论最为常用。关键块体理论是石根华在赤平投影法的基础上，通过各岩块的几何约束条件和受力条件来分析岩体的破坏形态和对应的安全系数。块体理论总体上以全空间赤平投影法、块体有限性定理和有限块体可移动性定理三部分构成。

由于块体平衡理论法的理论概念简单，计算方便，很快为工程界和学术界接受。作为一种直观的求解分析方法,块体平衡理论法在工程领域应用十分广泛。

1.1.1.3　解析法

解析法是指采用数学力学计算求解闭合解的方法。通常,假设围岩体为各向同性的连续介质,且洞室的延伸要远大于洞室断面尺寸,按照平面应变问题进行考虑。弹性、黏弹性及弹塑性介质中圆形洞室的封闭解和椭圆形的弹性理论解,可以通过复变函数法求得,对于其他形状(如矩形、马蹄形等)洞室,可以通过复变函数法求取近似解。朱大勇等提出了一种可以求解任意形状洞室映射函数的计算方法,并将其用于复杂形状洞室围岩应力的弹性解析分析。于学馥等运用连续介质理论和简单的力学计算,简历轴比的概念,从轴比的变化中认识围岩稳定规律,用于指导巷道设计。

解析法具有精度高、分析速度快和易于进行规律性研究等优点,可定性评价地下洞室成洞条件和优化洞室方案,但不能准确地描述围岩的失稳和破坏。总体上,解析法可以解决的实际工程问题比较有限,但通过解析法可获得一些规律性的认识,这对工程是十分有益的。

1.1.1.4　原位实验方法

目前,常用的现场原位实验手段包括微震、声发射、超声波、钻孔数码相机、井间声波仪等。国际上,Cai 等在 AECL 地下实验室的 Mine-by 实验洞中开展声发射原位实验,利用微震监测数据,通过裂缝分布定量确定深部围岩的开挖损伤状态和范围;Falls 等在加拿大 URL 地下实验室和瑞典 HRL 地下实验室进行了声发射和超声波波速监测现场原位实验,研究了深部地下实验室围岩开挖扰动区的性质,并分析了不同应力状态和开挖技术的影响;Read 等归纳总结了 URL 地下实验室近 20 年的开挖损伤实验数据,提出了提高深埋洞室围岩稳定性的措施。在国内,陈炳瑞等在锦屏二级水电站开展了现场声发射监测实验,研究了施工过程中围岩损伤演化机制和不同支护方案的影响;周火明等对三峡永久船闸的岩体开展了现场原位蠕变实验,研究裂隙岩体的蠕变特性;张伯虎等在大岗山水电站地下厂房采用 ISS 微震监测系统,开展了地下厂房的整体稳定性评价。

现场原位实验方法能够反映岩体实际特性,具有工程参考价值,但由于现场实验费用高,只能根据工程需求进行少量实验,因此需要与理论分析、数值模拟等手段结合起来。

1.1.1.5　物理模型实验法

物理模型实验法是根据相似性原理和量纲分析原理,通过模型或模型实验的手段来研究围岩中的应力应变状态和稳定性。目前国内外学者开展了广泛的地质力学模型实验,并取得了丰硕的研究成果。国际上,Bakhtar 等开展了节理岩体在爆破荷载作用下失效破坏规律的地质力学模型实验研究;Li 等提出了 DPSS 加载方法,实现了三维物理模型实验中的高保真仿真;Zhang 等和 Nunes 等采用模型实验研究了相对刚度、位置和厚度对非均质地层中支护体系性能的影响。在国内,陈安敏等制造了 YD-a 型岩土模型实验装置,对小浪底地下厂房洞室群进行了模型实验,验证了加固方案的合理性;何满潮等设计了 PFESA 模型实验系统,模拟了倾斜节理岩体中水平隧道的开挖过程,并用红外热像仪监测了开挖扰动区的时空演化过程;李仲奎等应用隐蔽洞室开挖法、内窥镜技术等设计了一套三维地质力学模型实验系统,验证了溪洛渡地下厂房设计的合理性;朱维申等开发了大型三维物理模型实验系统,在物理模型实验中提出了锚杆和预应力锚索的施加方法;李术才等针对深部煤巷施工过程,开展了地质力学模型实验研究,对现场施工工艺优化提供了参考。

物理模型实验法具有破坏现象直观的优点,但洞室开挖方法仍然是一个巨大的难题,亟须研制一种能够智能控制的自动开挖装置,且大多只能模拟单个洞室,存在不能模拟复杂的洞室群、不能准确模拟地应力的真实状态、开挖方式与实际施工方案不符等缺陷。

1.1.1.6 数值模拟方法

数值模拟方法主要通过对地质原型进行抽象,并采用数值分析方法计算不同工况下岩体中的应力状态及围岩稳定性。20 世纪 70 年代以来,随着数学、力学理论以及计算机技术的发展,数值分析方法在工程地质和岩土工程领域得到应用,并作为解决复杂介质、复杂边界条件下工程问题的重要工具之一。常用的数值方法包括有限元法(FEM)、有限差分法(FDM)、边界元法(BEM)、离散元法(DEM)、不连续变形分析法(DDA)、无单元法(EFM)、流形元法等。

张国强等基于三维非线性有限元法,结合施工工序和锚喷支护参数,进行了地下洞室群的围岩应力、塑性破坏区分布情况的分析;苏国韶等采用 FLAC 软件,对玛尔挡水电站地下厂房的开挖顺序及支护优化设计进行了系列研究;李攀峰采用非线性数值模拟技术,分析了拉西瓦地下洞室群洞效应的具体规律;吴成等利用 FLAC 软件,分别采用弹性、理想弹塑性、弹脆性、应变软化及 CWFS 模型对加拿大深埋地下实验室开挖过程进行数值模拟,从围岩位移场、应力场及塑性区方面,比较了各个模型的优劣;Sun Jinshan 等基于 RFPA 和 DDA 对隧洞施工过程的卸载过程进行计算分析;梁正召等在建立三维非均匀性统计损伤软化模型的基础上,采用真实破裂过程分析 RFPA 数值方法研究围岩的破裂机制,并考虑不同侧压力系数和轴向应力对破坏模式的影响,讨论岩体分区破裂的形成机制和影响因素;陈岩基于 ANSYS 软件对大跨扁平洞室穿越断层破碎带的支护问题进行了研究;胡夏嵩采用弹塑性二维有限元法和离散元法,提出了低地应力区断面开挖以后的最佳支护时间等若干保障围岩稳定的措施和方法;John Hadjigeorigiou 等通过引入二维裂隙模型和三维裂隙模型,采用 PFC 软件探讨了裂隙对洞室开挖稳定的影响。

尽管数值模拟技术取得了较大的发展,但由于地下工程的复杂性,在岩体本构模型、地下洞室稳定性判别标准等方面尚未形成统一标准,因此数值模拟技术通常需要结合其他分析方法进行综合分析。

1.1.1.7 不确定性方法

地下洞室围岩稳定分析时,有很多是没有明确界限的模糊问题,譬如,裂隙是否发育、是否渗水、岩体强度的好坏等。而模糊数学可以根据多种影响因素,进行加权综合判断,因而在围岩稳定分析方面有较好的应用。衣永亮利用模糊数学方法研究了多种因素影响下,金川深部岩体可能发生的破坏类型;李芬等基于模糊数学理论,建立了导流隧洞围岩的模糊综合评价模型;牛文林建立了围岩分级的模糊评价方法,该方法对解决围岩指标的模糊性问题有良好的效果。

1.1.1.8 系统工程法

由于地下工程建设系统具有多层次、多因素等特点,每一结构的几何物理状态和力学性质等是逐点变化的,地下工程充满了复杂性与模糊性。对岩体中结构面的历史和现状,实际上无法查清并做精确描述,而地下工程建设系统各个组成部分又是有组织的、形成有特定功能的整体,因此地下洞室稳定分析完全具备"系统"的特征,围岩稳定分析应该是对复杂的围岩系统稳定性的模糊化认识和控制所做的数学模拟。因此,要求以系统科学作指导、以系统工程方法结合岩石力学理论进行地下工程围岩的稳定分析。牟瑞芳详细分析了围岩稳定分析系统的输出——围岩变形曲线的规律,并给出了具体的灰色系统分析方法及建模步骤。冯玉国将地下工程围岩视为一个灰色系统,用灰色关联方法进行了地下工程的围岩稳定分析。秦四清和张倬元、黄润秋和许强把非线性科学引入岩体稳定性评价中,成功解决了一些地下工程的疑难问题。系统工程法理论先进,处于快速发展阶段,但尚未形成系统成果,还不能直接用于指导工程实践。

1.1.2　离散元法发展现状

1.1.2.1　离散元法基本原理

20 世纪 70 年代,Peter Cundall 提出离散元方法,在 1971 年开发了最早的离散元程序 DEM。在 Cundall 的主持下,美国 Itasca 公司在 20 世纪 80 年代推出了二维离散元程序 UDEC,并于 1988 年推出三维离散元程序 3DEC。

离散元法专为解决不连续介质问题而设计。由于该方法把节理岩体看成是由离散的岩块和岩块间的节理面所组成的,岩块可以移动、转动和变形,而节理面可以被压缩、分离或滑动。岩体被看成是一种不连续的离散介质,离散介质内可存在大位移、旋转、滑动乃至块体的分离。因此,离散元可以真实地模拟岩体的不连续面,在岩土学术界和工程界得到迅速推广。

与连续力学方法相比,离散元法同时描述连续体的连续力学行为和接触的非连续力学行为。以岩体为例,它是把岩体处理成岩块(连续体)和结构面(接触)两个基本对象,其中的结构面(接触)是结构面(接触)的边界,这样在对每个连续体在力学求解过程中可以被处理成独立对象,而连续体之间的力学关系通过边界(接触)的非力学行为实现。

离散元是一种方法,与有限元一致的,体现这一方法的载体是计算机程序,所以离散元的诞生和发展是伴随着离散元程序的出现和丰富完善的,即这些程序的发展历史反过来反映了离散元的发展历程。利用离散元法实现数值计算需要解决的一个重要问题是接触,即岩体中的结构面。离散元法把这些接触处理成块体的边界,即在计算过程中每个块体都是独立的,块体内部单元的力学响应取决于这些边界所受的荷载条件。与离散元的这一特点相比,传统有限元主要是对离散元内部块体进行连续力学计算,由于地下洞室群等工程岩体变形过程中,块体的接触关系和受力状态不断发生变化,而离散元法主要是针对岩体内部块体边界(结构面)力学条件(接触方式和受力状态)的变化,因此对这类问题更具有适应性。

鉴于离散元的上述基本特点和开发意图,Peter Cundall 在 1971 年提出离散元概念时的主要工作集中在如何描述离散体的几何形态、判断和描述接触状态及其变化等方面。从某个角度讲,离散元的力学理论并不复杂,甚至缺乏任何基础理论上的创新,这表现在块体沿用了传统连续力学介质理论,接触也直接引用了直观的非连续力学理论(如牛顿第二定律、运动方程等),Peter Cundall 的突出贡献在于把这些成熟理论方法化,解决了计算机程序化过程中的很多问题,譬如接触形态描述、计算中的接触判断、数据存储技术等若干环节。

平面离散元程序 UDEC 采用角点圆弧化的凸多变形描述结构面,即块体形态由这些封闭的凸多变形来表示。角点圆弧化的目的是避免计算过程中在尖端出现数值上的应力异常,影响计算结果。块体的凹形边界则由与之相接触的另一接触块体的凸形边来定义。

平面离散元中边界的接触方式有边—边接触、边—点接触和点—点接触。接触方法的不同决定了块体边界上受力状态和传递方式的差别,因此要求计算过程中不断判断和更新块体接触状态,并根据这些接触状态判断块体之间的荷载传递方式、为接触选择对应的本构关系和强度准则。这一特点和要求更体现了 UDEC 与任何有限元程序的差别,即 UDEC 中多出了一整套为接触设计的内容,与有限元计算相似的块体连续力学计算成为确定接触关系和接触受力状态以后的延续,成为解决问题时一个相对简单的部分。

复杂模型内部的接触非常多,如果按传统的搜索方法在计算过程中先通过接触关系和进行相应的力学计算确定接触荷载状态,然后把这种荷载作为块体的边界条件进行块体的连续力学计算,整个计算过程可能会非常冗长而缺乏现实可行性。为此,Peter Cundall 基于数学网格和拓扑理论为 UDEC 程序设计了接触搜索和接触方式状态判别方法,同时在对块体进行连续力学计算时,避免了传统有限元需要求解大型方程组的不便,采用有限差分方法逼近算法,并解决了其中若干环节的问题,极大程度地提高了计算效率和稳定性。

在确定了接触方式以后,即可以选用现成的界面力学关系式来描述接触的力学行为,其中最基本的描述式包括切向和法向荷载–位移关系和强度关系,接触上的法向荷载等于法向刚度和法向位移之积,法向应力超过了抗拉强度时即发生张拉破坏,块体可能处于力学上的不平衡状态。对于这种情形,UDEC 和 3DEC 中通过牛顿第二定律转化成运动方程进行求解,因此可以模拟结构面的张开和块体的完全脱离及脱离以后的运动。当无厚度的结构面受压时,UDEC 和 3DEC 程序允许块体发生重叠进行法向位移计算和法向荷载计算,同时使得有厚度结构面的张开和压缩行为能够不通过模拟结构面厚度实现,解决了很多程序中在这种情况下可能遇到的单元奇异问题。接触的切向方向上的力学行为也可以通过类似的方式实现,且 UDEC 和 3DEC 中提供了大量的结构面强度准则,可以反映结构面起伏、剪切过程中强度变化等复杂状况下的力学行为。

三维离散元程序 3DEC 中块体为任意多边形封闭组成的凸形块体,与 UDEC 类似地,具有凹边的块体由与之接触的凸边实现。三维离散元程序 3DEC 中块体之间的接触方式更多,包括面—面、面—边、面—点、边—边、边—点和点—点等 6 种方式,接触方式的多样化使得计算过程中的判断更加耗费时间,接触的力学关系即块体边界荷载作用方式也更复杂,如果计算过程中按传统的思路一个块体一个块体地进行搜索,则消耗的时间肯定难以接受,要求程序设计中采用更有效的搜索方式。Peter Cundall 为 3DEC 专门设计了一些行之有效的接触关系搜索和判断方法,比如为模型设置数学网格进行分区搜索、在接触之间设置一个中间面,根据两个相互接触的块体落在中间面上角点数目来判断接触关系,极大程度地节省了计算时间。

从力学理论上讲,离散元与有限元一样,离散元只是传统力学理论基础上的一种计算机求解方法,因此不存在力学理论完善性和成熟性方面的问题;离散元中的块体完全等同于有限元中的连续介质,但块体的边界条件由接触决定,因此离散元程序中需要有效地解决对接触的描述和计算求解等一系列方法学上的问题。目前,3DEC 已更新至 7.0 版本,软件功能更加完善,为复杂岩体工程安全评价提供了技术支持。

1.1.2.2　离散元法在岩土工程中的应用

边坡稳定性研究方面:Marc Andre Brideau 分别用极限平衡法、有限差分法和离散元法对某滑坡进行了分析,表明离散元法与其他两种方法结果吻合较好;朱焕春等采用 3DEC 对三峡永久船闸中隔墩在开挖期间出现北倾变形进行了分析,认为该现象是结构面控制的局部问题;汤明高等采用 3DEC 分析了小湾水电站 6# 山梁发生局部滑塌的原因,并提出了工程支护建议;黄波林等采用离散元法研究了边坡变形破坏的影响因素,认为地下开采、水的入渗对边坡稳定性有较大影响。

隧道工程方面:Qiu Minggong 等采用 UDEC 研究了 TBM 破岩过程,认为岩体中节理产状对 TBM 掘进速度影响较大;王贵君对隧道的施工全过程进行了离散元模拟;马海君等对大断面偏压隧道塌方加固效果进行了数值模拟;罗禄森等采用 UDEC 研究了浅埋黄土隧洞的破坏模式。

采矿工程方面:曹胜根等采用 UDEC 分析了综放开采端面顶板稳定性与支架工作阻力及端面距的关系;方新秋等研究不同顶煤条件下,端面顶板稳定性与支架工作阻力及端面距的关系,并对影响综放开采端面顶板稳定性的因素进行了分析;程国明研究了采矿过程中应力变化对裂隙岩体渗流的影响,并得出裂隙岩体的渗透系数与应力的关系表达式;谢文兵等研究了采矿活动引起的围岩变形和综放沿空留巷的围岩稳定性影响因素;刘传孝等采用 3DEC 对采矿过程中坚硬顶板冲击运动进行了模拟。

地下洞室围岩稳定方面:王涛等建立了生成节理随机数的直接法,在此基础上,与三维离散元程序 3DEC 结合,对大型地下洞室进行了稳定性分析;唐军峰等利用 3DEC 分析了水电站地下厂房开挖过程中围岩力学响应,研究了洞室的下卧开挖对岩锚梁的影响,并对变形的发展趋势进行了预测;Sotirios 等采用 UDEC 和收敛约束法的计算结果与实际监测得到的隧道变形和支护荷载进行了对比。

综上,UDEC/3DEC 在边坡工程和地下工程中具有独特的优势,在围岩稳定分析方面得到了广泛的应用。因此,本书将采用 3DEC 软件,结合现场地质调查、安全监测、施工因素等,对江门地下实验室围岩稳定问题进行系统研究。

1.1.3　地下洞室安全监测发展现状

由于大型地下洞室地质条件复杂,洞室规模大,洞群数量多,围岩稳定地受地质条件、支护方式、支护时机、施工方法、施工顺序和地下水等不利因素的影响,导致大型地下洞室设计和施工仍以定性和半定量为主。对大型地下洞室进行安全监测,掌握围岩在开挖过程中的变形和应力状况,可以总体评估地下洞室的围岩稳定状态,预测并消除洞室可能产生的不良地质灾害,同时基于安全监测资料,可以反馈设计,指导施工,调整施工方法和顺序,优化支护,确保工程顺利建设。

Toshio Maejima 等通过分析抽水蓄能电站施工过程中围岩的应力、变形和声发射等资料,对洞室围岩的力学行为进行了预测,进而优化支护设计和施工;丁秀丽等基于围岩监测成果,对彭水水电站地下厂房进行了反馈分析,为动态设计和信息化施工提供了重要依据;彭琦等在分析某地下厂房多点位移计数据时,认为"张开位移"占总变形量的80%以上,建议采用非连续方法研究岩体的宏观变形行为;张孝松在龙滩地下厂房施工过程中,根据动态监测资料调整支护参数,并通过位移监测对洞室设计进行了评价。张志国等提出一种空间插补方法,根据已知监测部位的围岩变形信息预测整个洞室围岩的变形情况,并成功应用于多个大型水电站地下厂房监测资料分析和围岩稳定性评价。江权等基于监测资料,对拉西瓦和锦屏二级大型地下厂房的岩体力学参数进行了反演和动态反馈分析,取得了良好效果。

在监测仪器和技术方面,夏元友等针对岩体破碎的大型不稳定洞室,提出一种以改进的收敛计为主要监测手段的监测方法,并成功预报了洞室施工期冒顶和塌方;谭恺炎开发了一种智能型全站仪,可进行开挖洞室的围岩收敛监测和断面检测;高俊启等对基于布里渊光时域反射计(BOTDR)的分布式光纤应变测量技术在预应力锚索状态监测中的应用展开了实验研究。近年来,光纤光栅(FBG)传感器开始在地下工程推广应用。

综上,地下洞室安全监测可综合多种监测项目成果,结合现场地质条件、开挖施工和数值模拟,反馈设计和指导工程施工,并综合评价洞室群的整体稳定性。这对于克服目前国内大型地下洞室建设普遍以工程类比法为主的技术缺陷,具有不可替代的作用。因此,随着监测设备和技术的不断进步、分析方法的不断完善,安全监测在地下工程建设中必将发挥更大作用。

1.1.4 地下洞室围岩变形安全判据

围岩宏观变形是地下工程工作性态最直接、最外在的体现,围岩变形监测可直接服务于工程的施工建设与运行管理中。在地下工程的开挖和支护过程中,要及时对围岩变形进行监测。因此,通过监测围岩变形可以对围岩稳定性做出判断。

在开挖扰动下,围岩发生应力的调整和转移。随着围岩变形增大,岩体损伤逐渐发展。围岩变形一般经历4个阶段,分别是:①缓慢变形阶段;②急剧变形阶段;③变形减缓阶段;④基本稳定阶段。其中,①阶段的围岩仅发生微小变形;②阶段围岩极易失稳,是施工中发生坍塌事故的主因,这部分围岩变形所占比例最大,是施工期围岩变形和安全控制的重点;③阶段随着支护作用的发挥,围岩破坏范围和围岩变形趋于稳定;④阶段围岩变形趋于收敛,且随着环境量变化发生无规律波动。围岩稳定性可考虑为:围岩变形速率呈递减趋势并逐渐趋近于零。因此,围岩变形监控指标一般包括关键监测点的位移、变形速率等指标。

在国家规范和行业标准中,具有代表性的有:《水工隧洞设计规范》(SL 279—2016)规定围岩变形基本稳定的判别标准参见《岩土锚杆与喷射混凝土支护工程技术规范》(GB 50086—2015)和《岩土工程监测手册》。一般在变形小于0.2 mm/d时可认为基本稳定;在有长期观测(大于3个月)成果时,观测后期全月变形平均小于0.1 mm/d时,认为是稳定的。《公路隧道施工技术规范》(JTG/T 3660—2020)规定,以洞身周边收敛速率0.1~0.2 mm/d及顶拱沉降速率0.07~0.15 mm/d作为围岩稳定判据。

国内学者针对围岩变形预警开展了大量研究：王丽华等开发了隧道监测信息管理与预警系统，将围岩累计位移、速率及变化趋势作为预警评判指标，把变形速率 3 mm/d、10 mm/d 作为判定界限，累计位移为允许位移的 1/3、2/3 作为判定界限；宋志鹏等在龙鼎隧洞施工中采用了相同的判定标准。刘大刚等通过支护开裂观察、位移速率两个指标进行综合分析，提出 4 个位移监测管理水平，根据实测位移–时间时态曲线确定了各管理水平的位移控制基准值。徐剑坤提出用变形加速度（第一步）+变形量（第二步）+变形速率（第三步）综合评价围岩稳定性的预警准则，现场监测结果表明变形指标能够反映围岩状态及变化趋势。杨超等提出了基于监测量值变化速度特征的隧道围岩稳定动态综合评判模型的构建方法和评判准则。徐昌茂建立了围岩等级与拱顶下沉稳定位移、周边收敛稳定位移、围岩稳定时间以及围岩稳定距离的关系，并根据开挖工法和地质情况给出了各判据指标的建议值。孙振宇等提出不良地质大断面隧道应以变形加速度作为主要指标，并给出了深埋和浅埋条件下围岩变形加速度阈值的确定方法。

由于大型地下洞室群赋存地质条件复杂，围岩稳定受洞室规模、布置形式、岩体质量等众多因素影响，现行规范和已有研究成果对围岩变形监控指标的取值较为单一且模糊，不同工程规模和工程地质下的实践表明，其实用性不理想，需进一步开展研究。

1.2　工程关键问题识别

地下洞室围岩潜在问题主要取决于地应力、岩性条件和结构面发育情况。当某一因素起主导作用时，将决定潜在问题性质和程度，譬如岩性软弱时的软岩问题、高地应力条件下的应力控制型问题、结构面占主导作用的结构面控制型问题。图 1.1 为地下洞室潜在问题分类。江门中微子地下实验室布置于花岗岩岩株内，岩石强度高，不具备产生软岩大变形的条件，洞室潜在问题只能是应力型或结构面控制型，围岩的破坏形式取决于地应力水平与围岩强度之间的相对关系。

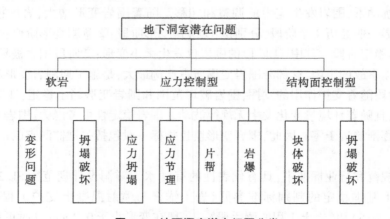

图 1.1　地下洞室潜在问题分类

图 1.2 是硬岩质量与潜在问题的对应关系，表中横轴表示硬岩完整程度，用围岩质量 RMR 表示；纵轴表示初始应力水平，用初始最大地应力和岩石单轴抗压强度的比值表示。

根据前期勘察成果,实验大厅围岩以Ⅱ类为主,RMR约为73,属于块状岩体。实验大厅处最大地应力不超过20 MPa,岩石单轴抗压强度为100 MPa,则实验大厅总体处于中等偏低的初始应力水平。因此,江门中微子实验大厅潜在工程问题如图1.2中灰色标识所示,即以块体沿结构面的滑动破坏为主、块体咬合局部应力异常部位出现脆性(应力型)破坏。考虑到围岩RMR接近75,且初始应力水平偏低,可基本判断实验大厅应同时存在结构面控制型和应力控制型破坏,但结构面控制型居于主导地位,应力控制型破坏较少。

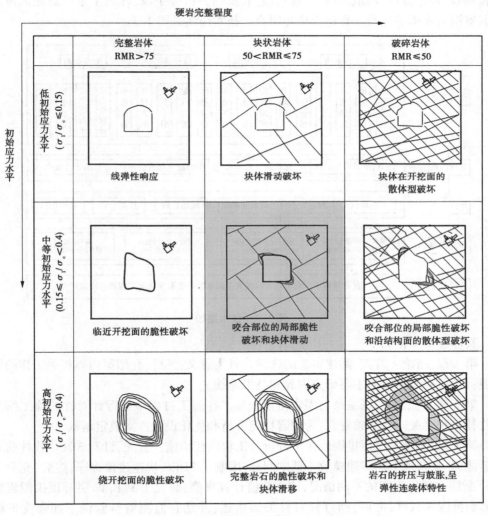

图1.2　硬岩质量与潜在问题的对应关系

江门中微子地下实验室布置于花岗岩岩株内,详勘阶段物探资料显示实验大厅部位可能存在丰富地下水,且施工过程中在顶拱揭露了不利断层和高压地下水。针对项目存在的"结构面控制型破坏、高压地下水、围岩稳定综合分析、长期安全运行"等若干影响工程安全的不利因素,将重点开展实验大厅顶拱围岩稳定分析及工程调控措施、富水长大裂隙对实验大厅围岩稳定影响分析、实验大厅安全监测与反馈分析、基于小波-云模型的围岩变形监控指标拟定等研究工作,确保工程建设和运行期安全。

1.3　主要研究内容及技术路线

本篇以江门中微子地下实验室工程为背景,通过收集整理国内外工程案例、工程地质、水文地质、设计施工、安全监测等资料,识别制约工程安全建设的关键问题,综合运用工程调查、理论分析、离散元模拟、现场监测、反馈分析等手段,开展了系统的超大跨度地下洞室围岩变形演化及工程调控措施研究。技术路线见图1.3。

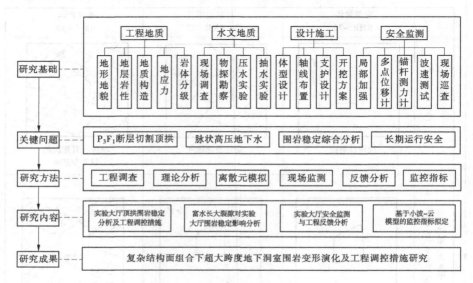

图 1.3　技术路线

具体章节安排如下:

第1章,绪论。首先,阐述本篇的选题背景及意义;然后,介绍国内外相关工作的研究进展;最后,列出本篇的主要研究内容和技术路线。

第2章,施工期现场编录与围岩质量分级。在施工过程中进行针对性的施工编录等手段补充获得关键性基础资料,为围岩稳定分析和优化设计方案奠定基础。

第3章,实验大厅顶拱围岩稳定分析及工程调控措施。首先,针对3DEC软件前处理功能薄弱、复杂地下洞室建模效率低的问题,编制了3DEC快速建模程序;然后,充分考虑P_3F_1断层在顶拱揭露的不利情况,建立数值计算模型,研究了P_3F_1断层对顶拱围岩稳定的影响范围和程度;最后,制订针对性加固措施,并结合监测资料验证了加强支护的有效性。

第4章,富水长大裂隙对实验大厅围岩稳定影响分析。首先,阐述了岩体渗流-变形耦合模拟技术原理及实施步骤;然后,介绍了随着工程建设进度的推进,对江门中微子地下实验室水文地质条件认识不断深化的过程;最后,针对脉状高压地下水的不利条件,采用离散元方法,系统分析开挖面不同水压力条件下长大裂隙对实验大厅围岩变形的影响,并进一步提出了开挖面排水控制标准。

第5章,实验大厅安全监测与反馈分析。首先,基于工程安全监测资料,全面梳理围岩变形、锚杆(索)应力的分布特征和演变规律;然后,开展工程反馈分析,对实验大厅围岩稳定进行整体评价;最后,结合现场施工、巡查、安监等情况,深入分析了"牛鼻子"和2#施工支洞的局部围岩破坏机制。

第6章,基于小波-云模型的围岩变形监控指标拟定。首先根据噪声与真实信号在频域上强度差异大的特点,采用小波去噪对围岩变形速率进行软阈值化处理;然后采用基于云模型的"$3E_n$规则"确定监控指标;最后以实验大厅顶拱中心点为例,对比了小波-云模型和典型小概率法的计算结果,验证了小波-云模型的客观合理性。

第 2 章　施工期现场编录与围岩质量分级

2.1 引　言

由于实验大厅上覆岩体需要起到对天体射线的屏蔽作用,因此前期勘探过程不允许破坏实验大厅上覆岩体的完整性,地表的钻探均要求布置在实验大厅所在位置周边,对实验大厅所在部位围岩地质条件勘察工作主要依赖地球物理勘探,没有采用洞探等手段。与水电站地下厂房等工程相比,江门中微子实验大厅勘探手段、工作量和直接性明显不足,没有直接揭示实验大厅所在部位围岩地质条件,也没有开展原位岩石力学实验,这与水电等基础建设行业的要求存在很大差别。就实验大厅围岩支护设计工作而言,按照水电行业的技术标准,二者之间的差别体现在:

(1)没有采用勘探手段直接揭露实验大厅围岩结构面发育特征,是否存在规模相对较大的断裂构造及其具体位置,这将影响到实验大厅位置布置设计的可靠性和对潜在主要问题发生部位的判断。

(2)围岩质量分级只能依赖实验大厅周边钻孔岩芯,与沿平硐围岩质量分级相比,对节理面状态、地下水条件等重要因素的描述和评价结果缺乏足够的可靠性,从而直接影响到围岩质量分级、岩体力学参数取值的结果。

(3)对节理面状态(粗糙程度、起伏程度、充填特征)的描述误差较大,影响结构面力学参数取值可靠性。

(4)缺乏直接观察其他地质条件及其潜在影响的条件,如地下水条件和地应力状态等,因此难以可靠预测地下洞室开挖期间可能的地下涌水情况及其对开挖和支护施工的影响,也缺乏直接依据判断地下洞室开挖后是否出现高应力破坏以及破坏程度等,也影响到施工工法要求的设计工作。

针对该项目客观存在的困难,主体设计单位黄河勘测规划设计研究院有限公司提出了施工期"动态"设计的理念,即在施工过程中进行针对性的施工编录等手段补充获得关键性基础资料、进行相应的围岩稳定分析,评价设计方案的合理性并持续优化设计方案。

施工支洞(含实验大厅中导洞)开挖可以充分了解大厅顶拱结构围岩地质条件,因此在施工支洞开挖基本完成以后,专门组织了现场编录工作,利用更新的地质资料进行对既往关心的问题的验证分析,同时对工程关心的其他问题进行专项分析论证。

围绕动态设计开展的工作包括:

(1)对施工揭露的构造和出水情况进行了系统分析,基本查明实验大厅围岩导水构造的分布特征和相应的地下水条件的差异。

(2)对施工支洞和大厅开挖揭露的 P_3F_1 断层进行了现场调查和分析。

(3)对围岩破坏特征及其控制因素进行了现场调查,复核和深化前期研究成果,特别是破坏模式和破坏判据的认识。

（4）组织完成现场岩石力学编录，并对编录结果进行系统分析，弥补了前期勘察基础资料不直接、可靠性不足的缺陷。

现场编录工作包括：

（1）利用更新的资料完成节理统计，并作为数值分析的输入条件。

（2）完成基于 RMR 方法的围岩质量分级，验证和细化了前期分级结果。

（3）基于 Barton 方法进行节理力学参数取值的复核，作为计算分析的输入值。

2.2　岩石力学编录与现象分析

2.2.1　现场岩石力学编录

本书"动态"设计的立项依据是因为前期勘察没有直接到达实验大厅所在部位，所获得的地质成果如结构面分布、围岩质量、结构面状态和参数取值等都缺乏直接依据，需要在施工期揭露实验大厅围岩以后补充收集资料、快速完成数据处理和分析，并根据分析结果对设计方案进行评价和可能的优化，这一动态设计过程的基础是现场补充调查、针对性地采集相关资料，本节所述的现场岩石力学编录扼要介绍这一基础工作。

我国岩体工程领域的岩石力学专业工作内容主要是实验、测试和计算分析，施工期现场编录被划归为工程地质专业，即本工程中由总承包商完成的施工地质工作。施工期岩石力学编录存在于西方国家岩体工程领域工作体系，与我国岩体工程实践中的施工地质编录比较接近，但侧重点存在明显差别。总体而言，施工地质侧重于对揭露地质条件和地质属性的描述，编录成果不能完全满足力学分析的需要，二者之间总存在一个衔接问题。与之不同的是岩石力学不注重地质条件自身的地质属性，如节理的力学成因和类型，但注重工程影响的特征如节理面平直程度、起伏和充填情况等，并建立了相关的方法将这些定性的描述结果转化为计算分析的输入条件，后者是我国工程地质专业相对薄弱的环节，也影响了地质编录成果的工程应用效率。

鉴于本书的核心内容是采用数值模拟手段分析评价围岩稳定和支护方案合理性，因此将现场地质条件快速转换成数值分析的依据，是动态设计工作流程中的重要环节，而顺利完成这一环节工作的方法是现场岩石力学编录。

图 2.1 表示了本书研究过程中现场编录的方法、内容和编录成果用途的流程，总体而言，编录内容与施工地质工作基本相同，而与岩石力学编录的主要差别在编录的具体指标和描述标准等细节上，这里仅罗列如下几点以示差别：

（1）服务围岩质量分级的现场编录主要依据 RMR 体系的要求，与水电围岩质量分级的差别是前者不要求进行声波测试，二者都进行节理性状描述，但采用不同计分标准，前者要求获得围岩节理线密度和 RQD。为此，本次现场编录中采用了测线法，以获得线密度和 RQD 指标值。

（2）我国水电行业相关规范也约定了节理面性状的描述指标和等级标准，如微张、平直无充填，包括了张开度、平直起伏程度、充填度和充填性质等几个方面，但在实际工作中

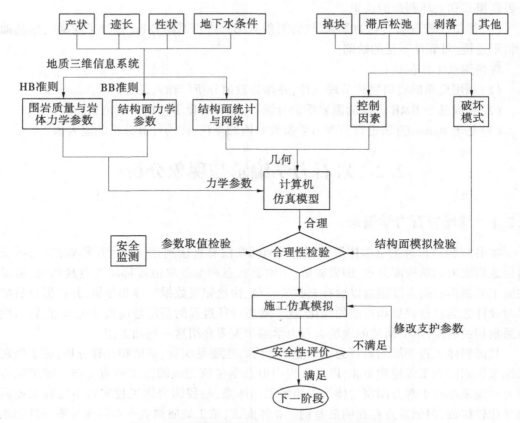

图 2.1 现场编录的方法、内容与编录成果用途流程

很少执行,节理面性状描述基本是个人观察结果的叙述,没有采用相应的标准,因此也不能使用与这些标准相匹配的相关方法(如强度参数取值)。而即便使用规范推荐的节理面强度参数取值,其结果在中微子较大埋深条件下也存在合理性问题,为此本书中采用了基于 Barton-Bandis 强度理论的现场编录方法,同时采用了基于该强度准则的参数取值。

(3)现场现象描述和分析。地下工程实践中岩石力学专业的核心任务是支护设计,而支护设计的核心是围岩破坏性质和等级程度。因此,当现场出现围岩破坏等现象时,岩石力学描述和分析的目标是服务围岩支护设计(其次是服务数值计算模型的验证),本次现场工作采用了这一工作方式,直接将现场观察到的现象用于指导支护设计和数值分析,采用"动态"工作思想最大程度保证成果的合理性。

本节先介绍现场现象岩石力学描述和分析结果,后文再分别介绍针对岩体和节理的岩石力学编录和分析结果,这些内容构成"动态"设计的基础,与随后的复核性分析、专项分析等构成动态设计的完整流程。

2.2.2 现象与分析

综合竖井、斜井,特别是施工支洞开挖期间的现场现象,这些现象指示的实验大厅围岩破坏特性可以总结为:

（1）硬岩条件下结构面控制型问题占据主导地位，地应力和地下水都起到一定作用。因此，系统支护仍然针对结构面发育特征设计，以控制结构面变形和维持围岩整体安全性为目的。

（2）地应力主要通过结构面起作用，与华南地区相似工程（如惠州、深圳等抽水蓄能电站地下厂房）相比，地应力所起作用更大，表现为围岩变形增大和某些不利条件下更容易沿结构面发生破坏。但与我国西南地区水电站如白鹤滩、锦屏一级等地下厂房相比，地应力的作用要弱很多，不足以导致完整岩块的明显破坏，因此不具备因应力作用导致严重影响工程的条件。但是，地应力明显降低结构面稳定程度并可以导致岩块产生细小裂纹，后者可以导致松弛的时效性。从工程角度与常规条件相比，这一特征对支护施工技术要求和现场质量保证提出更高要求。

（3）地下水条件对围岩稳定和支护安全的影响与围岩排水条件密切相关，因此对地下水处理提出了明确要求。原则上，需要通过有效的手段保证实验大厅浅部围岩处于低水压环境，有效手段包括距离开挖面一定距离以外的堵水措施和支护范围内的排水减压措施。

图 2.2 为竖井平硐段围岩出现的破坏特征，很好地揭示了结构面控制、地应力起到明显作用的典型特征。破坏出现在右拱肩（面向掌子面）部位，形式水平深度 4 m 左右、高约 1 m 的破坏坑。该部位两组陡倾结构面相对发育，但不足以导致拱肩围岩破坏，在此基础上平缓裂隙发育且受到较高地应力的作用，是围岩破坏的直接触发因素，二者共同发挥作用：

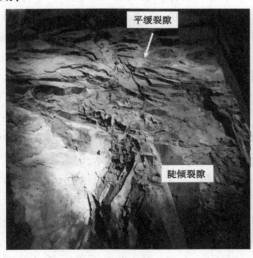

图 2.2　竖井平硐段围岩破坏特征

（1）平缓裂隙相对发育，但裂隙长度小、具有良好的强度特征，就平硐段开挖尺寸而言，如果不是埋深相对较大，应不足以导致大范围的破坏。

（2）较大的埋深使得围岩应力集中区量值水平增大，虽然不足以导致完整岩块破坏，但足以导致这些小裂隙的扩展和破坏。注意到破坏后块体尺度较小，且破坏滞后于开挖后一段时间发生，这些都符合地应力作用的特点。

如图 2.2 所示的破坏特征对实验大厅支护设计和施工技术要求具有直接的指导意义：

（1）虽然实验大厅围岩总体以陡倾裂隙为主，在顶拱围岩内因应力水平较高、围压作用总体有利于抑制占主导地位结构面的变形，但是，当一些部位发育平缓裂隙时，即便裂隙长度不大、性状较好，但由于顶拱应力集中，仍然可以导致比较严重的围岩破坏。因此，围岩整体稳定性良好并不排除某些部位存在的破坏风险，需要通过系统支护控制。

（2）结构面控制地应力起重要作用，或者说地应力发挥作用但不起控制作用的特点表明，目前的围岩支护系统可以同时有效应对这类问题，除断层出露部位外，不需要针对地应力问题改变支护类型和参数，但对围岩支护施工技术和质量提出了明确要求：①顶拱围岩喷层厚度和施工质量必须得到有效保障，尤其是初喷厚度和及时性，现实中常见的作业标准难以满足开平的需要；②钢筋网需要有效地和锚杆连接形成整体，在平缓裂隙发育部位，需要采用带垫板的锚杆，将钢筋网有效地压在垫板内；其余部位至少需要保证钢筋和锚杆的有效焊接。

2.3　围岩质量编录与分级

2.3.1　围岩质量分级的 BIM 实现

国际上常用的岩体质量评价方法包括三种，即 RMR、Q 系统和 GSI，其中 Q 系统和 GSI 都建立了与 RMR 之间的相关关系，但后者被广泛接受，岩体工程地质分类除为围岩支护设计提供依据外，另一个目的是估计岩体力学参数。在 20 世纪 80 年代提出 Hoek-Brown 强度准则以来，这一趋势和目的更加直接和明显，现实工作中因此常常采用现场进行 RMR 的编录，然后转换成 Hoek-Brown 所需的输入指标 GSI。

RMR 和 Q 系统存在两个环节的差别，前者没有考虑地应力指标，而后者没有岩石强度指标。当评价岩体质量如了解岩体承载力，地应力可以被作为工作荷载考虑，从这个角度讲 RMR 不考虑地应力也没有不妥之处。不过，当试图使用 RMR 系统进行围岩支护设计时，缺少地应力指标就可能存在一些问题。Q 系统考虑了地应力指标，即意图体现承载力和荷载之间的关系，因此适用于进行支护设计和评价。但是，当岩石自身承载力成为工程关心的因素时，则需要注意 Q 系统存在的潜在缺陷。尽管江门中微子实验基地地下工程区域应力水平不高，但现场勘探洞内还是揭示了轻微的高应力破坏迹象，说明岩石强度成为需要关心的因素，使得 Q 系统的适用性在这一环节上不如 RMR。由于 Q 系统在岩体完整性（RQD）和节理状态（J_n 和 J_s）环节上占据比较大的权重，当岩石强度低且节理不发育时，可能仍然获得比较高的 Q 值，因此往往可以获得比较高的分值，与实际工程能力之间可能存在比较明显的差别。

鉴于这两种方法的差别，本书中以 RMR 系统为主，获得 RMR 值的现场岩石力学编录工作在地下工程区的勘探洞内（1# 施工支洞、排水支洞）进行，累计编录平硐长 159 m。编录中没有特别考虑大型结构面如长大裂隙的影响，这是因为这些大型结构面在基于离散单元方法的围岩稳定分析中应予以单独考虑。

本书引入了三维地质建模与分析系统 ItasCAD 来开展中微子实验基地实验大厅的围岩质量评价研究，作为 ItasCAD 在岩体工程领域的核心应用功能之一，系统内置的围岩质量分级功能具有如下特点：

（1）针对岩体工程特别是水电行业相关规范规程，建立一整套满足围岩质量分级与力学参数取值的工作流程，如图 2.3 所示。

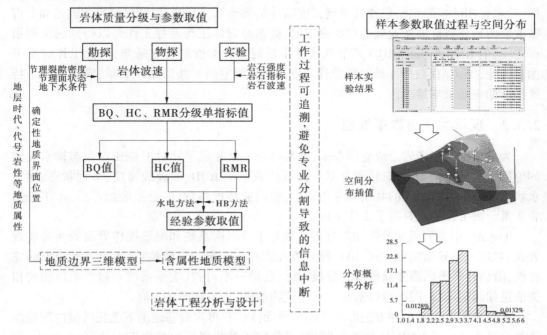

图 2.3　ItasCAD 岩体质量分级与参数取值应用工作流程

（2）支持包括 RMR、BQ 和 HC 三类主流围岩质量分级方法，支持采用经验公式将上述指标转换为其他分级指标，如由 RMR 分级成果得到地下洞室常用分级系统 Q 值等；特别地，系统针对边坡、地下洞室等典型工程应用，引入相关规范标准中相关依据地应力状态、洞轴线与结构面方位关系等因素对分级指标修正方法。

（3）岩体质量分级仅是流程应用的中间成果，还支持基于分级成果的规范、经验法岩体力学参数取值，包括水电规范与 Hoek-Brown 两类取值方法。

图 2.3 同时表达了满足岩体质量分级所需输入的各项勘探、物探与室内实验成果指标，数据经采集后最终汇聚至 ItasCAD 系统专业数据库平台，该环节需解决各分级系统共用指标的取值统一和特殊指标的数据获取方法问题。

节理面状态和地下水条件两个在不同分级方法重复出现的指标，水电岩体质量分级中根据结构面张开度、平直起伏度、起伏度、充填物类型将该指标取值分 13 档，分别对应水电分级中的 13 类描述，其中张开度小于 5 mm 分 11 档（针对节理裂隙）。RMR 分级中对节理面状态同样考察了张开度、起伏度、充填物特征等几个方面的具体指标，同时还考虑了节理面风化特征等，共分 5 个档次，针对张开度小于 5 mm 的小型节理裂隙分 4 个档次。综合地，水电分级中对结构面状态的分级结果相对更详细，现场编录可以按照水电标准执行,数据库平台同时建立 RMR 和水电取值标准的关联。与之相似地,地下水条件在 BQ、HC、RMR 分级也采用了不同等级和标准,以 RMR 分级中最详细,因此数据库平台以 RMR 分级为基础、针对三种分级方法建立了统一化取值标准。

　　岩体完整性是 RMR、HC、BQ 分级方法所需描述的重要岩体特性之一,但用于表征该特征的指标存在差别,具体地,RMR 采用 RQD 和节理密度,其余两种采用岩体完整性指标,后者采用波速测试结果或者节理密度统计结果换算,因此归根结底是岩体波速和节理密度。由行业特征即作业规范规程决定的,波速是岩体工程勘探工作可以得到的常规指标之一,但 RMR 所需的 RQD 或节理密度指标需要针对性的补充采集,且无工作标准可循。为此,ItasCAD 数据库针对性设计开发了基于洞室的测线法编录表单,满足这两个特殊指标的现场采集需求。

2.3.2　现场编录与数据处理

　　为满足本工程围岩分级应用需求,勘察设计人员完成了针对 1# 施工支洞与排水支洞的地质资料补充调查工作,特别是基于测线法获取了 RQD、节理线密度、节理状态、地下水状态等分级方法所需的共用和专用指标,经内业数据整理、汇总至数据库后,本工程围岩质量分级工作由此具有了工作基础。

　　ItasCAD 中围岩质量分级功能分别提供基于数据库系统和图形操作界面的两种实现方式,对比图形界面实现方式,第一种分级方式存在一定的局限性:首先是基础数据的完善性,沿钻孔或平硐需要获得所有分级指标值,缺一不可;其次是系统不包含建筑物的相关信息如洞室轴线,因此难以实现针对建筑物的修正,只获得基本值。

　　本书采用上述第二种方法即基于图形界面操作获得实验基地地下工程区域内围岩体质量分级成果。以 RMR、Q 分级为例,实现分析所需的指标包括岩石天然强度、RQD、线密度、节理面状态和地下水状态,除岩石天然强度拟采用人工方式定义外,其余均为数据库中已有信息。分级实现原理和过程遵循如下主要步骤:

　　(1)将数据库中通过勘探测试手段也已获取并存储的地质指标(包括 RQD、节理线密度、节理面与地下水状态)输出至 ItasCAD 图形界面,图 2.4 示意性表示了测线法若干成果指标即裂隙线密度沿支洞轴向的分布特征。

　　(2)以地下实验大厅工程范围为参照定义立方网,并将上述已有指标及数值复制至立方网网格;岩石天然强度为待定参数,依据花岗岩强度经验认识,本次采用人工赋值的方式保守定义为 100 MPa。一旦在立方网对象内完成上述地质指标定义,即可采用地质信息处理专业技术离散光滑插值(DSI)将所有指标推广至三维空间。

　　(3)对立方网空内各地质指标执行 RMR 分级所定义的四则运算,得到 RMR 分级结果。

　　图 2.5 为针对勘探洞即 1# 施工支洞与排水支洞经上述实现过程得到的 RMR 方法围岩质量分级成果。直观地,RMR 分级结果揭示,围岩质量指标总体介于 55～82,依据 RMR 与岩体分类经验关系,分级结果指示实验大厅岩体主要由 Ⅱ 类和 Ⅲ 类偏好围岩构成,即岩体总体以 Ⅱ 类围岩为主,局部发育质量较差的 Ⅲ₁ 类围岩,当实验大厅开挖过程中局部揭露 Ⅲ 类围岩时,应予以必要的加强支护。

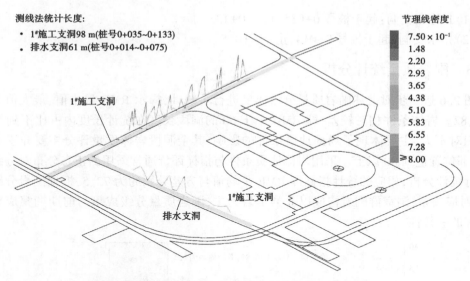

图 2.4　测线法获取的分级指标沿支洞轴向的分布状态

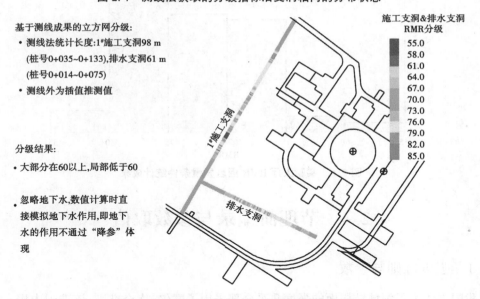

图 2.5　实验大厅围岩 RMR 岩体质量分级成果

需要特别说明的是,现场勘查成果揭示实验大厅附近围岩内地下水发育不具有普遍性,而是主要沿局部长大导水裂隙呈脉状分布,考虑本次数值计算时对长大导水裂隙及其地下水进行了直接模拟,因此围岩质量分级工作中将地下水状态指标描述为"干燥",即地下水作用不应在分级过程中通过"降参"方式重复体现。

此外,基于立方网的岩体质量分级应用的实现过程采用了插值技术,即意味着缺乏分级指标现场数据采样区域的分级成果是依据采样区域得到的推测结果,因此更多起到参考意义,在具体工程应用时可考虑对推测结果予以舍弃。本次围岩质量分级现场数据采样位置为:

（1）1#施工支洞：起于桩号 0+035，止于 0+133。

（2）排水支洞：起于桩号 0+014，止于 0+075。

2.3.3　围岩质量统计分析

图 2.6 进一步对上述围岩质量分级成果进行了统计，揭示 RMR 最小值、最大值分别为 55、82。岩体条件相对较差，即 RMR 小于 60 的洞段长度在统计长度内占比不到 5%，占比相对不大，主要体现了局部地质条件的影响，其余洞段岩体质量评分主要介于 65～80，局部位置达到 80 以上。采用岩体地质条件与指标评价通常采用的正态分布对分级结果进行统计分析，相应的统计指标即 RMR 平均值与方差分别约为 72、5，根据围岩分级与 RMR 对应关系，洞室群围岩构成以 Ⅱ 类围岩为主，围岩质量分级成果与前期勘察成果具有良好的一致性。

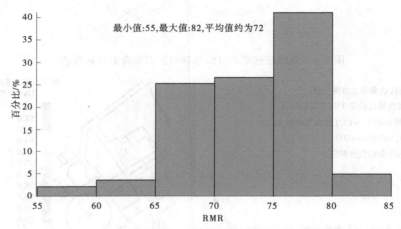

图 2.6　实验大厅 RMR 围岩质量条件统计成果

2.4　节理面编录与参数取值

2.4.1　强度准则与参数

我国岩体工程领域结构面的强度几乎全部采用了摩尔–库仑准则，该准则中用 c 和 φ 表示结构面的黏聚力和内摩擦角。

结构面通常并不是平直的，起伏结构面在剪切过程中的强度特征甚至破坏方式都可能发生变化，在大量实验基础上，Patton（1966）提出了锯齿状规则起伏无充填结构面抗剪（摩擦）强度的表达式：

$$\tau = \sigma_n \tan(\varphi_b + i) \tag{2-1}$$

式中：τ 和 σ_n 分别是结构面发生破坏时的剪应力和法向应力；φ_b 为结构面的基本摩擦角；i 为锯齿状起伏体的起伏角（见图 2.7）。

式（2-1）成立的一个条件是法向应力 σ_n 相对不高，剪切变形过程中块体能沿起伏体产生剪胀变形（剪切过程中的法向变形，导致体积增大）。

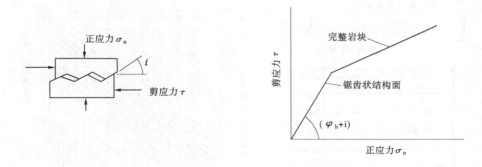

图 2.7　法向应力增高时锯齿状结构面强度特征的变化

作用在结构面上法向应力的增加致使剪切过程中的剪胀变形(或爬坡效应)得到抑制,如图 2.7 所示,当法向应力增加到一定程度以后,起伏的咬合作用加强,起伏体的强度发挥作用,剪切过程中的爬坡效应转化为剪断起伏体的剪断效应,结构面强度特征也会发生显著变化,这一特点同时说明了结构面强度特征也会显著地受到围压的影响。

在广泛地研究了结构面强度及其影响因素以后,Barton 等于 1973 年首次提出了下述结构面强度表达式:

$$\tau = \sigma_n \tan\left[\varphi_b + \text{JRC} \lg\left(\frac{\text{JCS}}{\sigma_n}\right)\right] \tag{2-2}$$

式中:JRC 为结构面粗糙系数;JCS 为结构面(壁)单轴抗压强度。

显然,如何确定这两个参数指标值成为该抗剪强度公式实际应用的重要环节。在获得这两个参数以后,可以通过后文介绍的思路换算出摩尔-库伦强度参数 c 和 f 的取值,后者应用更普遍和更容易被工程界所理解,也能更好地评价取值结果的合理程度。

粗糙度系数主要用来反映结构面上任意不规则粗糙程度,通过节理面上小规模起伏体发育特征体现,粗糙度系统的取值大小在 0~20,节理面上小起伏体的高差越大,粗糙度系数取值也相应越高。

现场如何确定节理面粗糙系数的经典方法如图 2.8 所示,即采用"标准剖面"与现场对比的方式确定,注意图中节理长度为 10 cm,因此粗糙程度的描述是针对局部不平整现象,即小凸伏或小起伏体。Barton 等对节理面粗糙程度建立了 10 种标准剖面,便于初学者在现场对比应用。当然,这一方法受到个体认识的影响,可能使得同一节理面由不同编录人员取得不同的结果。为此,后来很多研究人员提出了不同的定量化方法,如图 2.8 所示的起伏体高度定量测量和起伏角度计算方法,用起伏角度大小描述粗糙度系统,这里不详细介绍。

2.4.2　摩尔-库伦强度参数的围压效应

在 20 世纪 80 年代之前,摩尔-库伦强度准则非常普遍地应用于岩体工程领域,针对岩体和结构面都采用了该准则。随着工程实践和研究的深入,一些研究人员开始注意到该准则中强度参数 c 和 φ 的变化性,取值大小随围压(法向应力)水平变化,即所谓的摩

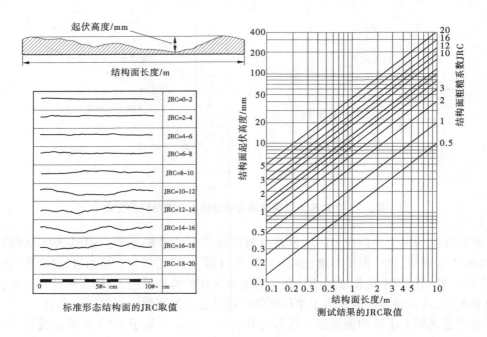

图 2.8　JRC 的确定方法

尔-库伦强度参数值的围压效应。在 20 世纪 80 年代以后,以 Hoek 为代表的研究人员提出了目前在西方国家普遍使用的 Hoek-Brown 强度准则,该准则针对岩体,解决了参数值的围压效应问题;与之相似的,以 Barton 为代表所提出 Barton-Bandis 节理面强度准则,也解决了强度参数值的围压效应。

　　本书中针对节理面采用了摩尔-库伦强度准则,为更好地了解实验大厅较大埋深水平下强度参数 c 和 φ 的合理取值,即考虑围压效应的取值影响,这里先通过对比节理面的两个强度准则,并同时扼要叙述根据 Barton-Bandis 强度准则换算摩尔-库伦强度参数值的技术路线。

　　图 2.9 表示了对同一节理面采用两个强度准则描述的强度包线,其中虚线为摩尔-库伦强度包线,实线为 Barton-Bandis 强度包线。在该坐标系中(横坐标为法向应力、纵坐标为剪应力),摩尔-库伦直线的斜率和截距均为常数,即该强度准则中的 φ 与 c。不过,大量物理实验结果已经证明,节理面强度包线的直线属于近似情形,用曲线拟合时精度更高,相对更合理。这说明节理面强度并不完全服从直线方程假设,当需要材料直线拟合时,为减小拟合误差,一个折中方案是分段直线拟合,每个分段对应的横坐标间隔代表法向应力水平,由于每个直线段的斜率和截距出现小幅差别,意味着不同法向应力水平条件下获得的 c 和 φ 存在一定差别,不再是常量,这就是摩尔-库伦强度参数值的围压效应。

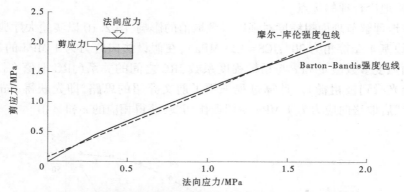

图 2.9　结构面强度摩尔–库伦准则和 Barton 准则的比较

摩尔–库伦强度参数值的围压效应还可以通过直剪实验成果得到验证,假如实验采用的法向应力变化范围较大,如 0~6 MPa 分成 0.5 MPa、1.0 MPa、1.5 MPa、2.5 MPa、4.0 MPa、6.0 MPa 等六级,当采用前三级(0.5~1.5 MPa 的低围压)和后三级(2.5~6 MPa 的高围压)对应的实验结果分别进行拟合时,可以预见,前者拟合结果斜率相对较大、截距较小一些,反之,后者的斜率略小,但截距明显增大,这意味着对于同一节理,当作用在节理面上的法向应力增高时,该节理的黏聚力可以比较明显地增大,而内摩擦角略有减小。

Barton 等在提出 Barton-Bandis 强度准则的过程中,对节理面性状与节理强度参数之间的关系和作用机制进行了深入研究,其中与本书研究相关的认识之一是节理面粗糙程度(JRC)的作用,认为 JRC 对节理面摩尔–库伦强度参数值围压效应的影响较大,粗糙节理受较高法向应力作用时,c 值明显增高。Barton 等认为其内在机制由粗糙节理面上小起伏体咬合程度的控制,较高的法向应力有利于这些凸体彼此咬合、在剪切过程出现剪断而不是“爬坡”,使得基本强度即黏聚力增高。围压升高也会使得摩擦系数增大,但剪切错动过程一旦凸体破坏形成细小颗粒,在一定程度上有利于沿节理面的错动,即降低节理面摩擦系数,使得摩擦系数的升高幅度较小。

当对图 2.9 曲线中任意一点作切线时,可以认为切线(直线方程)代表了对应条件下的摩尔–库伦强度包线,所谓的对应条件可以用该切点对应的横坐标值,即法向应力水平来表征。这也意味着,当获得了节理面的 Barton-Bandis 强度包线时,对包线上任意一点作切线,对应的斜率和截距即为摩尔–库伦强度准则的 φ 与 c,从而实现基于 Barton-Bandis 准则,或者是 Barton 方法的 c 和 f 取值。在实际工作中,可以通过现场编录获得 JRC,通过室内实验获得 JCS 和 φ_b,从而获得节理面的 Barton-Bandis 强度包线,并利用该包线获得节理面强度参数 c 和 φ 的取值。

2.4.3　JRC 编录与分析

节理面强度参数取值 c 和 φ 受到围压水平的影响,但根本性因素还是节理面自身性状,其中粗糙程度是重要因素,本小节侧重论述这一问题。正是由于节理面粗糙程度的影响,本次工作中进行了节理面粗糙程度的现场编录,以此作为现场依据帮助复核节理面强度参数取值结果。尽管这种取值结果受到个人经验影响,不可避免地存在误差,但仍然具有过程严密、理论合理的优点。

　　为更好地理解节理面粗糙度对强度参数取值的影响,图 2.10 以实验大厅典型节理面为对象(假设基本摩擦角为 30°,JCS=120 MPa),在假设法向应力为 1 MPa 的条件下,给出了节理面强度参数值 φ 和 c 与粗糙程度系数 JRC 之间的关系(JRC 取值在 [0,20],对应于节理面光滑到极粗糙)。计算过程采用了前文介绍的思路,即先获得 Barton-Bandis 强度包线,然后取法向应力为 1 MPa 为切点作切线,获得相应的 c 和 φ 值。

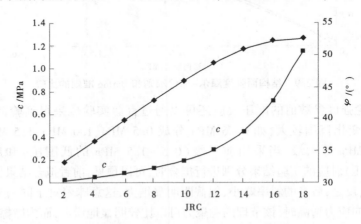

图 2.10　节理面强度参数与粗糙程度之间的关系

　　图 2.10 清晰给出了节理面强度参数 c 和 φ 与节理面粗糙程度之间的关系,粗糙度对 c 值和 φ 值产生不同规律的影响。对于新鲜节理面,当粗糙度为光滑时,c 值非常低,仅 0.03 MPa 左右;但当粗糙度达到中等水平即 JRC=9 左右时,c 值可以达到 0.15 MPa 左右,相当于水电规范建议值的上限。随着粗糙度的进一步增加,c 值呈现加速增长关系,在极粗糙条件下可以达到 1.2 MPa 的水平,与岩体相当,实际代表了起伏凸体剪断破坏的贡献。

　　相比较而言,φ 随粗糙度的变化不如 c 值突出。对图 2.10 所列节理而言,当粗糙程度增加时,摩擦角总体呈线性增加的关系,变幅在 30°~52.5°。

　　江门中微子实验大厅围岩内节理新鲜,JCS 和基本摩擦角相对恒定,对节理面强度参数取值影响较大且不确定的因素是节理面粗糙程度。为此,本书利用施工支洞揭露的露头,对节理面粗糙程度进行了现场编录,以分析和论证节理面取值的合理性。

　　节理面粗糙程度的现场编录工作与围岩质量 RMR 分级所要求的编录同步进行,实际上在 ItasCAD 中被统一考虑,编录结果同时用于结构面参取值和计算围岩质量 RMR 值,实现一次编录、多种用途的设计目标。

　　图 2.11 给出了 1# 施工支节理面 JRC 编录结果的统计成果,其中图 2.11(a)是传统的 JRC 标准剖面,在编录过程参考使用。根据现场露头情况,本次共完成 38 条延伸良好、露头清晰节理面的编录,编录数据的统计结果如图 2.11(b)所示,除少量样本 JRC 低于 4 或超过 10 外,绝大部分裂隙 JRC 取值介于 4~10。

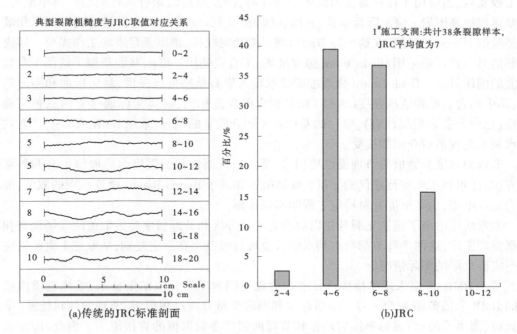

图 2.11 裂隙 JRC 取值现场复核

根据现场对节理面粗糙程度的编录,实验大厅围岩大部分节理 JRC 为 4~10 的水平时(属于光滑~粗糙的情形),平均值为 7。按照上述分析,在取法向应力为 1 MPa 时(相当于大厅开挖以后的浅部松弛围岩),节理面黏结力 c 值应在 0.10 MPa 左右,φ 值超过42°,二者都明显超过地质报告的建议值($c=0.06$ MPa,$\varphi=30°$)。由此可见,地质报告中关于节理强度的建议值明显低于基于 Barton 方法的估计结果,按照地质报告取值的计算结果应保守估计了围岩实际具备的稳定性。

2.5 本章小结

"动态"设计的核心是施工开挖过程中采用动态更新的现场资料进行分析评价,其中的现场资料包括地质条件(结构面网络、围岩质量、结构面性状、地下水条件)、现场现象(结构面控制变形、应力型破坏、出水条件)和监测数据等。显然,施工支洞(含大厅中导洞)开挖后揭露的地质条件能够比较可靠地代表现场实际情况,因此针对性地收集能直接用于数值分析的现场地质资料,是动态设计的核心环节之一,本章叙述了现场地质数据的采集和处理。

施工地质编录很好地获得了洞室围岩结构面样本,统计分析结果能够满足动态分析的需要,黄河勘测规划设计研究院有限公司开展了施工地质编录工作,其编录成果直接用于本项目的数值分析。

实验大厅最大埋深达到 700 m 左右,既往分析揭示了大厅顶部存在一定程度的高应力破坏。我国水利水电行业普遍采用的、基于摩尔-库仑强度准则的参数取值来源于浅部工程实践,当应用于存在高应力破坏的条件时,涉及取值结果合理性问题。简单地讲,需要适当提高围岩 c 值而降低 φ 值(c 和 φ 取值的围压效应),因此引起与现有规范和既往经验的不一致。显然,在这一环节的协调可能耗时较长,难以满足现场工作需要。解决问题的另一途径是采用 Hoek-Brown 强度准则,不直接使用 c 和 φ,从而规避了这两个参数取值的围压效应。Hoek-Brown 强度准则要求输入岩石单轴抗压强度、材质指标和围岩质量,其中的岩石单轴抗压强度(天然)和水利水电规范相同,材质指标通过室内三轴实验获得(已经具备大量统计值),唯一的差别在于围岩质量的划分,采用 RMR 或 GSI,二者均被水利水电规范所介绍和接受。

节理面强度参数值与节理面性质相关,基于节理面性状的强度参数取值也有两种常用方法,即水利水电规范建议的 c 和 φ 取值范围和基于 Barton-Bandis 强度准则的取值,前者为统计结果,后者更能针对特定工程的实际情形。

本章所述给出了施工支洞开挖以后围岩质量分级和节理强度参数取值的现场调查和数据整理工作,这两个环节都与水利水电行业现行规范存在一定差别,从原理上更能适应开平实验大厅的实际情况。

基于 RMR、严格采用单指标计分求和的现场围岩质量分级结果显示,采样范围内揭示的 RMR 取值范围为 55~82。单指标求和围岩质量分级过程揭示,节理面性状较差(平直光滑、滴水或涌水)是影响围岩质量和节理面强度参数取值的直接原因。因此,即便大厅围岩节理面新鲜程度良好,但平直光滑的基本特点以及地下水相对发育的环境因素导致了强度参数取值偏低。统计结果显示,节理 JRC 平均值为 7,对应的强度参数 $c=0.1$ MPa、$f=0.9$,略高于地质建议值($c=0.06$ MPa,$f=0.58$),基于地质建议值的计算结果偏向于略微低估实际情形。

第3章　实验大厅顶拱围岩稳定分析及工程调控措施

3.1　实验大厅开挖方案

根据施工组织设计方案,江门地下实验大厅和水池采用分区分块的开挖方式进行作业。图3.1为实验大厅顶拱和水池开挖设计方案。基于开挖设计方案,在数值模拟时,顶拱按照第Ⅰ~Ⅳ步开挖,第Ⅴ~Ⅸ步进行下部水池开挖,分层开挖数值模型见图3.2。

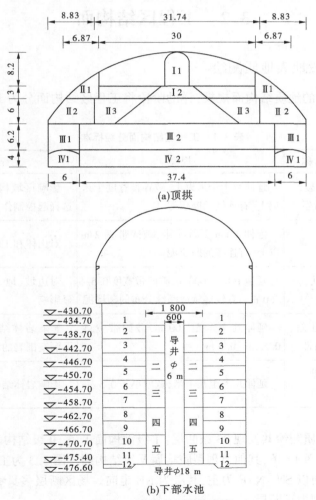

(a)顶拱

(b)下部水池

图3.1　实验大厅开挖方案

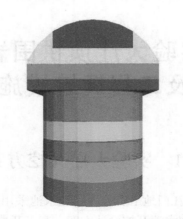

图 3.2　实验大厅分层开挖形象图

3.2　工程区结构面

3.2.1　详勘阶段地表地质测绘

根据工程区内的地质结构面规模,详勘阶段将工程区结构面分为五级,分级标准见表 3.1。

表 3.1　工程区结构面分级标准

级别	结构面名称	规模	工程地质意义
I	区域性断裂、控制性断层	延伸数十千米以上,破碎带宽度十米以上,有连续的断层泥	影响区域构造稳定性,对场址选择起控制作用
II	大断层	延伸 1 km 至数千米,破碎带宽 2 m 以上,有连续的断层泥	对山体和工程布局有较大影响
III	贯穿性断层、挤压带	延伸 $100\sim1\,000$ m,破碎带宽度 $0.5\sim2.0$ m。有较连续或断续分布的断层泥	对边坡、地下洞室稳定性有明显影响
IV	小断层、挤压面、层间错动带	延伸几十米至 100 m,破碎带宽度 0.5 cm~0.5 m	影响岩体结构,控制边坡和地下洞室围岩的块体稳定
V	构造节理、层间节理	延伸几米至几十米,宽度小于 0.5 cm	影响岩体结构和岩体的完整性

工程区地表地质测绘共发现 33 条断层:I 级结构面 1 条,II 级结构面 6 条,III 级结构面 12 条,IV 级结构面 14 条,其他节理裂隙均属 V 级结构面。图 3.3 为工程区断层走向玫瑰图,场区断层走向以 SN~NNE 为主,其次为 NE 走向。场区断层多具有挤压错动特征,一般为逆断层,个别为正断层。

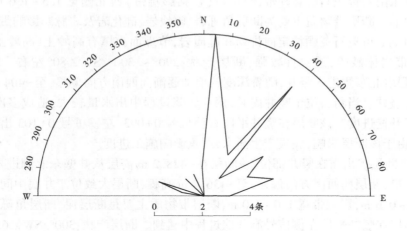

图 3.3　工程区断层走向玫瑰图

F_1 断层为Ⅰ级结构面,位于工程区东侧,方案变更后,地下洞室群已经远离 F_1 断层。F_2 断层位于竖井和实验大厅之间,倾角变化大,可能对竖井平段和 $2^\#$ 施工支洞有不利影响。其余断层距离地下洞室群较远或规模较小且胶结良好,对工程影响有限。

3.2.2　开挖揭露结构面

由于江门地下实验室埋深超过 700 m,实际开挖揭露的结构面与详勘阶段地表地质测绘结果有较大差异。开挖施工揭露的断层主要有:F_2 断层、F_8 断层、XF_1 断层、SF_1 断层、SF_2 断层及 P_3F_1 断层等。

(1)F_2 断层。在 $2^\#$ 施工支洞出露比较明显,断层分布桩号在 0+034~0+035,断层宽 0.3~1.2 m,左壁宽,右壁窄,上部窄,下部宽;断层带物质主要由断层角砾、糜棱岩、碎裂岩及岩脉组成。断层产状:N30°E/SE∠80°。该断层在竖井平段出露桩号约 0+140,断层带较窄,断层带宽 0.1~0.3 m。受断层影响,在断层带附近,渗水严重。该断层在交通支洞桩号 0+014 附近有出露,断层在左侧洞壁宽,至右侧洞壁变窄。该断层在排水支洞相应部位没有发现。

(2)F_8 断层。出露在 $1^\#$ 施工支洞,左壁桩号 0+150.5、右壁桩号 0+151.5,断层宽度变化较大,右壁 1.5 m、左壁 0.5 m,断层带物质,主要是压碎岩块、角砾、糜棱岩及少量断层泥;断层产状:310°/SW∠70°。受断层影响,在断层带附近,渗水严重。该断层在 $1^\#$ 交通排水廊道桩号 0+054 附近有出露,断层在该部位变窄。

(3)XF_1 断层。出露在斜井部位,右壁桩号 0+885,左壁桩号 0+895,断层产状:260°/NW∠60°~80°,断层带宽度为 0.3~0.6 m,断层带物质主要是花岗岩脉、石英脉、硅化岩、角砾岩;断层影响带宽度为 2~3 m,节理裂隙发育,岩体较破碎,透水性较强。XF_1 断层在 $1^\#$ 施工支洞出露桩号左壁 0+172、右壁 0+174,断层带变窄为 10~30 cm,断层带物质,主要是压碎岩块、角砾。

(4)SF_1 断层。出露在竖井部位,根据开挖揭露-357 m 高程(深度 485.5 m)开挖面井壁西北—东南发育一断层破碎带,断层带(包括影响带)西北侧宽 1.5~1.6 m,东南侧宽 2.1~2.2 m。断层带物质主要为断层角砾岩、碎块岩、硅化岩及岩脉。影响带节理张开宽度为 1~4 cm,可见石英颗粒定向排列和硅质岩,节理面充填有高岭土,高岭土厚 0.2~2 cm;断层带岩体破碎,透水性较强;断层产状:290°~300°/SW∠80°左右。断层在约 −357 m 高程由北东侧进入竖井,随着深度的增加逐渐向西南方向偏移,至−404 m 高程从西南侧偏出竖井。当断层位于竖井内时,探水注浆过程中出水量较大,造成多次淹井,严重影响施工开挖进度。该断层在竖井平段右壁桩号 0+093、左壁桩号 0+103 出露。在施工过程中,由于该断层影响,底板产生涌水,严重影响施工进度。

(5) SF_2 断层。出露在竖井部位,该断层在−428.2 m 高层从井壁东北侧进入竖井,随着竖井的开挖,断层向西南方向偏移,至−436.7 m 高程,断层大致位于井底中间。断层破碎带宽 0.3~0.6 m,影响带宽 1.0~2.0 m,断层带物质主要是断层泥、断层角砾岩及压碎岩块。该断层在竖井平段左侧信号洞开挖过程中遇到。断层产状:300°/SW∠65°~75°。

(6) P_3F_1 断层。该断层在 3# 排水廊道 PS3 0+006~0+009 及 PS3 0+126.5~0+130 出露,在竖井平碉左壁桩号 0+165 出露。断层破碎带宽 0.3~0.5 m,断层及影响带宽 0.7~1.3 m,断层带物质主要是断层角砾岩、压碎岩块、糜棱岩及断层泥。

3.2.3　实验大厅顶拱地质构造

实验大厅顶拱中导洞开挖过程中,在东南侧端墙揭露 P_3F_1 断层。图 3.4 是实验大厅顶拱和边墙的工程地质素描图,图 3.5 是实验大厅上、下端墙的地质编录图。

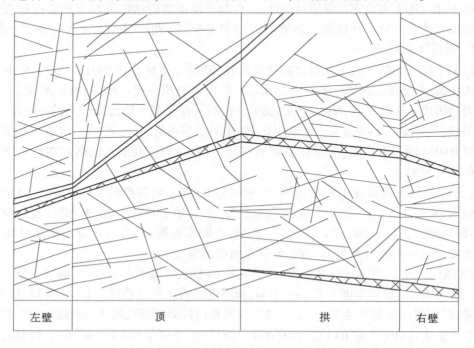

| 左壁 | 顶 | 拱 | 右壁 |

图 3.4　实验大厅顶拱及边墙地质编录图

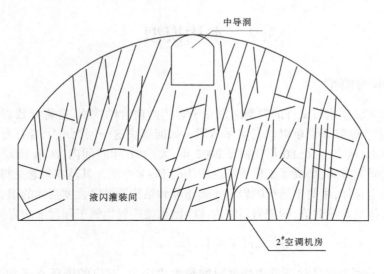

(a)上(北)端墙

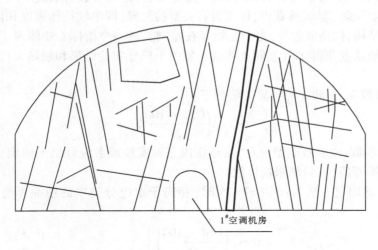

(b)下(南)端墙

图 3.5　实验大厅上、下端墙地质编录图

P_3F_1 断层在工程开挖过程中多次揭露,揭露的先后顺序如下:

(1)2018 年 6 月 13 日,该断层在 3# 排水廊道 PS3 0+006～0+009 m 处揭露。

(2)2018 年 6 月 17 日,该断层在竖井平段桩号 VH 0+165 左壁出露。

(3)2018 年 10 月 13 日,该断层在 3# 排水廊道 PS3 0+126.5～0+130 m 处揭露。

(4)2019 年 9 月 28 日,该断层在 2# 排水洞桩号 PS2 0+004～0+012 m 出露。

(5)2019 年 12 月 8 日,该断层在交通洞桩号 JT0+348～0+355 m 揭露。

(6)2019 年 12 月 19 日,该断层在大厅四层 TX 0+040 m 处揭露。

由于 P_3F_1 断层规模较大,同时在顶拱和下(南)端墙揭露,可能对实验大厅顶拱围岩稳定造成不利影响,是工程重点关注的部位。

3.3　本构模型

3.3.1　岩体本构模型

工程岩体和实验室岩石试件的典型区别在于岩体内包含结构面,这将导致岩体力学特性更加复杂,室内实验结果更难以代表实际情形。如何解决这一问题成了岩石力学领域长期以来的研究热点,从 20 世纪 80 年代初至 2002 年,大约 20 年时间内,Hoek 围绕这一问题发表了一系列的研究成果,形成了工程界广泛应用的 Hoek 方法。其基本理念是将岩体看成岩石和结构面的组合体,用简单易行的岩石实验指标和结构面发育程度指标的组合,获得描述工程尺度的岩体基本参数值,即把岩石室内实验结果推广延生到工程尺度的岩体。

$$\sigma_1 = \sigma_3 + \sigma_c \left(m_b \frac{\sigma_3}{\sigma_c} + s \right)^a \tag{3-1}$$

式中:σ_1、σ_3、σ_c 分别为岩体达到峰值强度时的最大主应力、对应的围压水平和岩石(块)的单轴抗压强度;m_b、s 和 a 均为 Hoek-Brown 强度参数,这些参数指取决于两个指标,m_i 和 GSI,前者通过实验三轴实验获得,体现岩石类型的差异,即单轴抗压强度相同的岩石,由于物质组成、结构、构造的差异,力学性质存在差别。另一个指标 GSI 体现了结构面发育程度,通过现场调查获得,GSI 实际上体现了室内小尺寸实验结果和现场大尺寸岩体之间的连接。

三个基本参数 m_b、s 和 a 的计算方法如下:

$$m_b = m_i \exp\left(\frac{GSI - 100}{28}\right) \tag{3-2}$$

式中:m_i 为岩质参数,由岩石类型决定,通过室内三轴实验或者统计结果确定,也可以引用 Hoek 给出的推荐值(实验结果统计值)。

参数 s 和 a 的确定方法为:当 GSI>25 时(相当于水电分类中的中等Ⅳ类以上的岩体),Hoek 建议:

$$\left. \begin{array}{l} s = \exp\left(\frac{GSI - 100}{9}\right) \\ a = 0.5 \end{array} \right\} \tag{3-3}$$

对于 GSI<25 的Ⅳ类偏差和Ⅴ类岩体,则:

$$\left. \begin{array}{l} s = 0 \\ a = 0.65 - \frac{GSI}{200} \end{array} \right\} \tag{3-4}$$

以上即为著名的 Hoek-Brown 强度准则,主要贡献之一是建立了实验室小尺寸岩石实验成果与现场大尺度岩体之间的关系,且充分考虑了岩体的围压效应。本次计算即采用 Hoek-Brown 本构模型。

3.3.2　结构面本构模型

在非连续力学分析理论和方法中,结构面力学参数不仅包括强度指标,还包括变形指标,即刚度。

结构面的刚度体现了结构面屈服破坏之前抵抗变形的能力,主要取决于结构面性状,如充填厚度和充填类型、无充填时结构面风化程度和岩性特征等,此外,结构面长度对刚度影响十分明显,即刚度存在明显的尺寸效应。

结构面刚度又分为法向刚度和切向刚度,法向刚度即抵抗结构面法向变形的能力,切向刚度即抵抗结构面切向变形的能力。以沿结构面的剪切滑动变形为例,结构面刚度描述了结构面屈服破坏之前的变形量。在块体稳定计算分析中,刚度大小往往决定了块体失稳前的(弹性)变形量和临界变形量,较大的刚度意味着发生失稳前的临界变形量较小;反之,临界变形也就越大。

虽然数值计算分析中结构面刚度取值不影响块体稳定,但是可以严重影响支护应力的计算结果,这是因为锚杆等支护应力系围岩,尤其是结构面变形引起,较大的变形,即便是失稳前的变形,也可以非常显著地影响到支护受力条件。由此可见,采用数值计算开展支护安全评价时,对计算条件包括结构面刚度取值的定量可靠性提出了更高要求,而依据现场现象和有效监测结果校核计算条件,是最大程度保持支护安全评价可靠性的现实有效途径。

不论是含充填,还是无充填结构面,目前工程界一般不进行节理刚度测试。但在离散元程序 3DEC 中,即便是含充填结构面,也往往不直接模拟结构面充填厚度(几何形态),只模拟结构面张开、压缩、错动等力学行为,具体通过在结构面内设置虚拟的"弹簧"实现,用弹簧的刚度描述结构面的变形特性。

对于含充填的结构面,3DEC 手册中给出了法向刚度 k_n 和切向刚度 k_s 的取值公式:

$$k_n = \frac{E_m E_r}{d(E_r - E_m)} \tag{3-5}$$

$$k_s = \frac{G_m G_r}{d(G_r - G_m)} \tag{3-6}$$

式中: E_m 和 E_r 分别为岩体和充填物的弹性模量; d 为充填厚度; G_m 和 G_r 分别为岩体和充填物的剪切模量。

尽管通过实验手段获得结构面剪切刚度并不困难,但结构面刚度的尺寸效应很突出,小尺寸试样的室内实验结果可能与现场实际偏差较大,一般是实际值应低于小尺寸的试样值。结构面刚度尺寸效应对数值计算有着直接影响,表现为刚度取值需要考虑单元长度。在大量研究工作基础上,就 3DEC 程序而言,法向和切向刚度取值和单元尺寸的关系需要满足如下关系:

$$10\left(\frac{K + 4/3G}{\Delta d_{min}}\right) \geqslant k_n, k_s \geqslant 0.1\left(\frac{K + 4/3G}{\Delta d_{min}}\right) \tag{3-7}$$

式中: Δd_{min} 为结构面法向方向上与结构面相邻岩体的单元网格尺寸,取决于具体的计算模型; K 和 G 取决于结构面相邻岩体的力学参数:

$$K = \frac{E}{3(1 - \mu)} \tag{3-8}$$

$$G = \frac{E}{2(1 + \mu)} \tag{3-9}$$

式中：E 和 μ 分别为岩体的弹性模量和泊松比。

3.3.3 锚杆（索）模拟方法

锚杆和锚索可以通过 3DEC 中的 cable 结构单元来模拟，见图 3.6。锚杆（索）几何特征可以通过两个节点之间具有相同截面面积材料参数的直线段来定义。锚杆（索）单元是弹塑性材料，可以模拟受拉或者受压屈服，但不能抵抗弯矩，锚杆（索）通过砂浆与围岩发生相互作用。

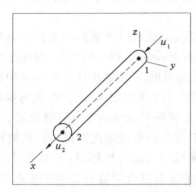
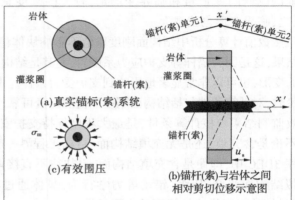

图 3.6　锚杆（索）单元以及水泥砂浆构成的结构单元系统

在本次计算中，cable 单元通过以下两个方面来模拟其力学特征：
（1）杆体自身的轴线力学特征。
（2）砂浆体的剪切力学特征。
锚杆（索）单元的两种力学特征简图见图 3.7。

(1)锚杆的轴力与变形关系：

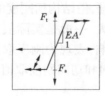

$$K = \frac{AE}{L}$$

其中，F_t 和 F_c 分别为拉伸和压缩屈服强。

(2)灌浆圈的剪切特性

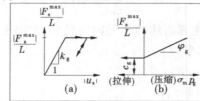

锚杆(索)与灌浆圈交界面、灌浆圈与岩体交界面的力学关系将被以下参数定义：
(1)灌浆剪切刚度 k_g
(2)灌浆黏结强度 c_g
(3)灌浆摩擦角 φ_g
(4)灌浆圈外周长 p_g
(5)有效围压 σ_m

图 3.7　锚杆（索）单元的两种力学特征简图

3.4　数值模型

3.4.1　整体模型

由于 3DEC 在计算过程中,需要不断判断和更新块体之间的接触状态(面—面、面—边、面—点、边—边、边—点和点—点),并且接触面之间大量的变形体需要进行有限差分运算,导致离散元运算耗时巨大。因此,在保证地质条件准确的前提下,可以对模型边界进行概化,其基本原则是边界不对计算结果产生影响,即洞室开挖引起的变形在模型边界处可以忽略。另外,考虑岩体损伤通常发生在开挖面附近,因此对重点区域进行加密,对于远离开挖面的岩体可采用较粗的网格。图 3.8 为创建的计算模型,主要指标如下:

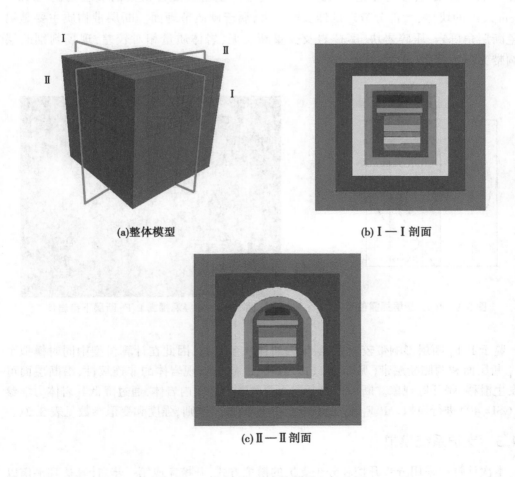

(a)整体模型　　　　(b)Ⅰ—Ⅰ剖面

(c)Ⅱ—Ⅱ剖面

图 3.8　计算模型

(1)模型尺寸为 199.4 m(沿 49.0 m 跨度方向)×208.2 m(沿 56.25 m 跨度方向)×

218.18 m(竖向),大致相当于 4 倍开挖跨度。在非连续力学理论中,开挖所产生的扰动向围岩深部传递时受到非连续面的阻断,其影响范围受限。因此,基于 4 倍开挖跨度的模型范围,实验大厅开挖扰动的影响基本不会传递到模型边界处,能够满足计算要求。

(2)计算模型自开挖面向外依次划分 5 m、10 m、15 m、20 m 和 25 m 的包裹体。由于岩体损伤破坏主要发生在开挖面附近,因此将开挖面以外 15 m 作为核心区域,进行重点加密,开挖面 15 m 以外网格尺寸逐渐变大,以控制计算规模。

3.4.2　P_3F_1 断层模拟

图 3.9 为 P_3F_1 断层与顶拱位置关系示意图。图 3.10 为 P_3F_1 下盘岩体现场照片。如图 3.10 所示,P_3F_1 断层带特征明显,包含断层面、断层泥和影响带,其中破碎带宽 0.15~0.25 m,断层影响带宽 3 m 左右,影响带内围岩被发育密集的节理切割为 15~20 cm 尺度的块体,大部分节理延伸长度不大,属于硬质节理面。断层带物质主要是褐黄色断层角砾岩、压碎岩块、糜棱岩及少量断层泥,岩体质量相对较差,现场判别断层影响带为Ⅳ类围岩。

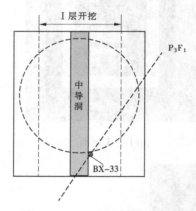

图 3.9　P_3F_1 断层揭露位置

图 3.10　中导洞揭露 P_3F_1 断层下盘岩体

鉴于 P_3F_1 断层影响带较宽,断层带内岩体质量较差,因此在计算模型中同时模拟了 P_3F_1 断层面和两侧断层带(见图 3.11)。其中,断层面体现岩体的非连续性,沿断层面可以发生滑移、张开等现象。断层带指断层面两侧 3 m 范围内岩体,通过降低其岩体力学参数(GSI=40)进行模拟。P_3F_1 断层采用摩尔-库伦强度准则,强度和变形参数见表 3.2。

3.4.3　支护系统模拟

本次计算中采用分步开挖和分步支护的模拟方式,开挖完成第一步、计算达到平衡以后,在模型中安装支护,再进行运算达到新的平衡,然后进行第二步开挖,以此类推,直至完成。图 3.12 显示了开挖和支护完成以后模型中模拟的全部锚索和锚杆。

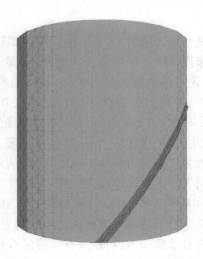

图 3.11　P_3F_1 断层面和断层带模拟

表 3.2　P_3F_1 断层力学参数

$K_n/(MN/m)$	$K_s/(MN/m)$	$\varphi/(°)$	c/MPa
$10×10^3$	$5×10^3$	20	0.05

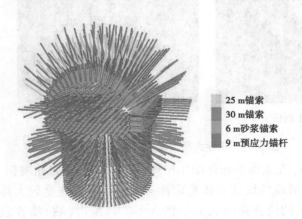

25 m锚索
30 m锚索
6 m砂浆锚索
9 m预应力锚杆

图 3.12　支护系统模型

3.5　实验大厅顶拱围岩稳定分析

3DEC 软件能够实现"物理不稳定问题的数值稳定解",即当开挖计算达到数值上的平衡以后,开挖导致的荷载就会被围岩变形所平衡,表现为变形趋于稳定、速度趋于零。如果某个部位出现了失稳,外荷载不能被围岩变形全部平衡,产生剩余荷载,此时的剩余荷载通过牛顿第二定律和运动方程等转化为速度和运动位移,在数值上通过运动能达到力的平衡关系,使得计算能继续进行下去。因此,当模型总体平衡以后,围岩稳定部位的变形收敛、速度趋于零,而失稳部位速度不趋于零,通过分析速度场分布可定性揭示围岩稳定性的差异。

图 3.13 为实验大厅顶拱开挖完成后的围岩速度场。如图 3.13 所示,顶拱围岩速度整体处于较低水平。其中,起拱线以上围岩速度均趋于零,显示实验大厅成洞条件好,顶拱具有良好的稳定性。为了评估顶拱围岩应力破坏风险,沿实验大厅顶拱中心线,在 0、2 m、4 m、10 m 埋深处设置 $1^{\#} \sim 4^{\#}$ 应力监测点,图 3.14(a)是顶拱处各监测点应力路径和 Hoek-Brown 强度包线的关系。如图 3.14 所示,在第一步开挖后,顶拱围岩卸荷,小主应力 σ_3 迅速降低,应力主轴发生旋转,大主应力 σ_1 降低不明显。在后续开挖过程中,由于拱效应的发挥,顶拱围岩表现为轻微应力集中,σ_1 和 σ_3 都有不同程度的恢复,随着深度的增加,应力集中现象逐渐消失。工程区地应力水平不高,实验大厅围岩质量较好,岩体强度与地应力矛盾不突出,在整个开挖过程中,围岩应力与 Hoek-Brown 强度包线距离较远,表明顶拱围岩基本不存在应力型破坏风险。而适度的应力集中,有利于维持结构面的法向应力,可以有效发挥围岩自承载能力,对顶拱整体稳定有利。

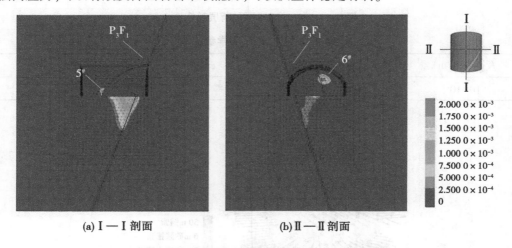

(a) I —I 剖面　　　　　　　　(b) II —II 剖面

图 3.13　实验大厅围岩速度场　（单位:m/s）

图 3.13 显示 P_3F_1 在北边墙和东端墙出露部位的局部围岩速度偏大,表明断层影响带内较发育节理切割形成的块状岩体稳定性较差。在围岩速度较大部位设置应力监测点,$5^{\#}$ 和 $6^{\#}$ 应力监测点的位置见图 3.13。图 3.14(b)是边(端)墙各监测点应力路径和 Hoek-Brown 强度包线的关系。如图 3.14 所示,边墙 $5^{\#}$ 和端墙 $6^{\#}$ 监测点应力路径差异较大。在边墙部位,随着开挖过程,$5^{\#}$ 监测点先经历一个小主应力 σ_3 降低、大主应力 σ_1 升高的应力集中过程,当应力达到峰值强度屈服后,围岩将沿 Hoek-Brown 强度包线下降至较低水平。在端墙部位,小主应力 σ_3 和大主应力 σ_1 均持续降低,经历应力松弛后,围岩进入屈服状态。综上,实验大厅边墙主要表现为应力集中,断层影响带强度较低,围岩屈服后产生塑性变形;端墙主要表现为应力松弛,在持续卸荷过程中,可能出现局部块体失稳,现场表现为掉块现象。因此,现场施工需高度重视支护的及时性:初喷厚度必须满足设计要求,且在开挖后尽快完成,为围岩提供初期支护力,避免早期松弛和不可恢复的强度损失。

图 3.13 中实验大厅底板处围岩有卸荷回弹趋势,但速度总体较小,对工程安全的影响可忽略。

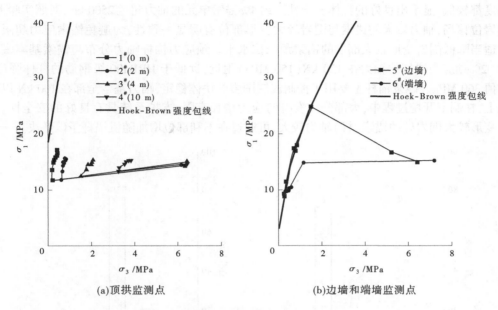

(a)顶拱监测点　　　　　　　　(b)边墙和端墙监测点

图 3.14　实验大厅典型监测点应力路径

图 3.15 是顶拱开挖后的围岩位移场。如图 3.15 所示,顶拱围岩在轻微应力集中作用下,断层影响带内围岩变形略大,但影响范围较小,不影响顶拱的整体稳定。主要原因是 P_3F_1 断层为陡倾压性构造,与最大主应力大角度相交,在顶拱出露时断层面上保持相对良好的应力条件,抑制了沿断层的不良变形。实验大厅顶拱开挖后的位移场揭示了与速度场类似的分布规律,P_3F_1 断层在北边墙和东端墙出露部位变形较大。总体上,实验大厅围岩位移场呈现显著不连续性,断层起到变形边界作用,且较大变形均发生在上盘岩体。与顶拱相比,实验大厅底板是变形较为突出的部位,但底板回弹的实际工程影响相对较小,也便于工程控制,对实验大厅围岩整体稳定不起决定性作用。

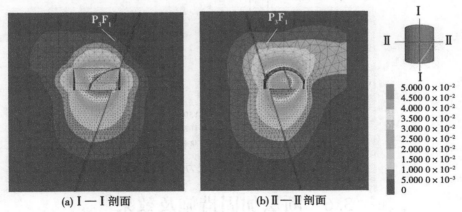

(a)Ⅰ—Ⅰ剖面　　　　　　　　(b)Ⅱ—Ⅱ剖面

图 3.15　实验大厅围岩位移场　(单位:m)

图 3.16 为开挖完成后支护系统受力分布。如图 3.16(a)所示,约 72%锚索单元的轴力为 2 000~2 500 kN,约 18%锚索单元的轴力为 1 500~2 000 kN,总体上锚索应力增长和松弛

程度都较低,显示出良好的整体安全性。约4%锚索单元的轴力超过2500 kN,对照实验大厅围岩位移场,轴力较大的锚索与围岩较大变形部位有明显一致性,为避免锚索应力超限,考虑适当降低围岩变形较大部位的锚索预张拉水平。预应力锚杆轴力分布与锚索基本一致,约92%预应力锚杆的轴力在120 kN(150 MPa)附近,远低于HRB400级钢筋的杆体强度设计值360 MPa。砂浆锚杆主要用于控制浅层围岩的块体稳定,轴力基本全部在100 kN以下。综上,在洞室开挖过程中,大部分锚索(杆)应力增长有限,支护系统具有良好的安全性。部分变形较大围岩处的锚索(杆)轴力较大,可通过在不利部位增加随机锚杆予以解决。

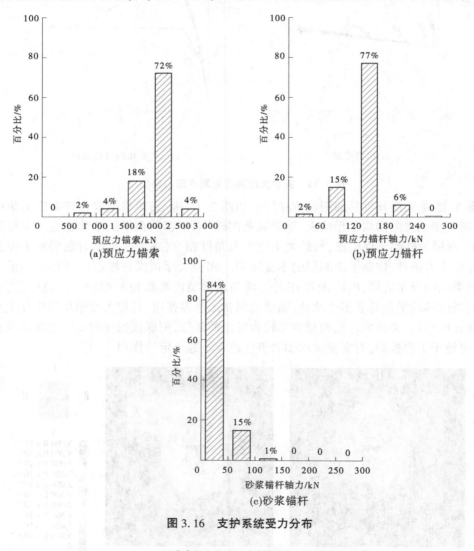

图 3.16　支护系统受力分布

3.6　断层加固措施及效果

尽管 P_3F_1 对实验大厅顶拱围岩整体稳定影响相对较小,但断层显著影响实验大厅的变形场分布特征(见图3.15),P_3F_1 断层的上、下盘岩体变形具有明显非连续特征,从维持围岩变形连续性和均匀性,保证实验大厅施工和运行期安全的角度,需采取有效工程措施,提高岩体的整体性。在系统支护的基础上,针对 P_3F_1 断层进行加强支护(见图3.17):

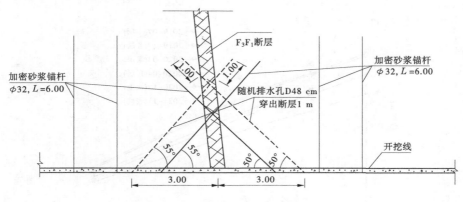

图3.17　P_3F_1 断层加强支护方案

(1)沿断层12 m范围内增设φ 12@0.20 m×0.20 m钢筋网,并加密系统砂浆锚杆,断层两侧布置斜拉锚杆,锚杆均向断层倾斜40°~60°,钢筋网与锚杆应有效焊接。

(2)断层两侧布置排水孔,直径48 cm,距断层3 m,间距6 m,并保证穿越断层至少1 m。

(3)对断层破碎带内局部裂隙发育部位,开挖后应及时初喷并保证设计厚度,防止掉块,减小卸荷松弛深度。

为掌握 P_3F_1 断层附近围岩的变形情况,在顶拱增设一套四点位移计BX-33,安装位置见图3.9。图3.18为BX-33变形过程曲线。如图3.18所示,在Ⅰ层开挖完成后,BX-33

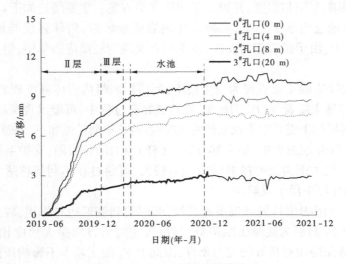

图3.18　BX-33变形过程曲线

才安装到位,因此未监测到Ⅰ层开挖导致的岩体变形。洞室变形的空间效应明显,其中Ⅱ层开挖占总变形的70%以上,随着开挖施工远离BX-33,变形速率逐渐减小。开挖完成后,BX-33 处围岩波动变形,无明显时效特征。图 3.19 为 BX-33 沿孔深方向变形曲线。如图 3.19 所示,围岩不同深度的变形均匀连续,从孔口至 20 m 深度,变形基本线性减小,表明加强支护后,岩体完整性得到提高,基本消除了 P_3F_1 断层的不利影响。

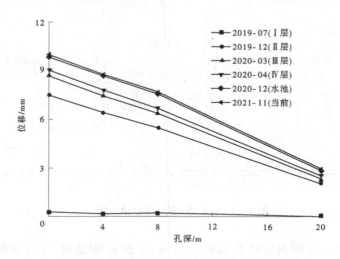

图 3.19　BX-33 变形沿孔深分布方向变形曲线

3.7　本章小结

本章采用离散元方法,系统分析实验大厅顶拱围岩整体安全性,研究 P_3F_1 断层对顶拱围岩稳定的影响范围和程度,并提出了加强支护方案。主要结论如下:

(1)工程区地应力水平不高,实验大厅围岩质量较好,岩体强度与地应力矛盾不突出,在施工过程中,由于拱效应的发挥,顶拱围岩表现为轻微应力集中,但基本不存在应力型破坏风险。

(2)实验大厅边墙主要表现为应力集中,断层影响带内岩体强度较低,围岩屈服后产生塑性变形。端墙主要表现为应力松弛,在持续卸荷过程中,可能出现局部块体失稳,表现为掉块现象。现场施工需高度重视支护的及时性,避免早期松弛和不可恢复的强度损失。

(3)实验大厅开挖过程中,绝大部分锚索(杆)应力增长有限,支护系统具有良好的安全性。部分变形较大围岩处的锚索(杆)轴力较大,可通过在不利部位适当降低预张拉水平、增加随机锚杆等手段予以解决。

(4)实验大厅围岩位移场呈现不连续性,断层起到变形边界作用,较大变形主要发生在上盘岩体。P_3F_1 断层为陡倾压性构造,与最大主应力方向呈大角度相交,在顶拱出露时断层面上能够保持相对良好的应力条件,因此 P_3F_1 断层基本不影响顶拱的整体稳定。

(5)为改善围岩变形场的连续性和均匀性,在 P_3F_1 断层两侧设置斜拉锚杆,并增设钢筋网。监测结果表明,加强支护后,顶拱围岩完整性得到提高,基本消除了 P_3F_1 断层对顶拱的不利影响。

第4章　富水长大裂隙对实验大厅 围岩稳定影响分析

4.1　岩体渗流与变形耦合模拟技术

在开挖、加载等工程扰动条件下,岩体发生变形,应力场随之发生调整,岩体的结构特性及几何特性相应发生变化,从而导致岩体的渗透特性及渗流规律发生变化。另外,岩体渗透特性及渗流规律的变化又进一步改变了岩体的力学行为及应力状态。这种相互作用和相互影响称为岩体渗流与变形的耦合。

完整岩块的渗透性非常微弱,岩体中的结构面及其连通网络是岩体渗流的主要通道,也是岩体变形的主要载体。因此,结构面的渗流与变形的耦合机制是开展岩体渗流与变形耦合分析的基础与关键环节。

4.1.1　光滑平行板模型

在 3DEC 中采用光滑平行板模型模拟结构面的渗流特性。把岩体中的结构面概化为光滑平行板(见图 4.1),根据单相、层流、黏性不可压缩介质的 Navier-Stokes 方程,可建立光滑平行板裂隙内的单宽流量 q 的表达式:

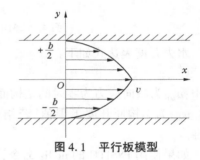

图 4.1　平行板模型

$$q = \frac{gb^3}{12\nu}J \tag{4-1}$$

式中:J 为结构面内的水力梯度;b 为平行板之间的间距;g 为重力加速度;ν 为水的运动黏滞系数。

式(4-1)表明光滑结构面的单宽流量与张开度的三次方成正比,故其所表达的渗流规律通常称为立方定理。

在 x 轴方向上,若长度为 L 的结构面水头增量为 ΔH,则

$$q = \frac{g}{12\nu}b^3\frac{\Delta H}{L} \tag{4-2}$$

张开度为 b 的平行板均匀流的立方定律在径向坐标系中的表达式为:

$$Q = \frac{g}{12\nu}b^3 2\pi \frac{\Delta H}{\ln(r_e/r_w)} \tag{4-3}$$

式中:r_w 为井半径;r_e 为影响半径。

设水流服从达西定律 $\nu = kJ$,可得光滑平行板模型的渗透系数为:

$$k = \frac{gb^2}{12\nu} \tag{4-4}$$

4.1.2　结构面渗流本构模型

3DEC 提出了一个简单的渗流本构模型,描述结构面的渗流特性。结构面的法向刚度和切向刚度用线弹性弹簧元件表示,抗剪强度采用 Coulomb Slip 准则描述,采用剪胀角模拟结构面的体变特性。

3DEC 采用了 3 个参数反映水压力对结构面开度的影响。图 4.2 是结构面渗流本构模型示意图。如图 4.2 所示,水力开度和有效应力为分段线性关系,其中斜率 $\alpha = 1.0$。

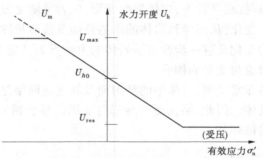

图 4.2　3DEC 结构面渗流本构模型示意图

水力开度表达式如下:

$$u_h = u_{h0} + \Delta u_n \tag{4-5}$$

式中:u_{h0} 为法向应力为零时的结构面开度;Δu_n 为结构面法向位移,张开为正。

u_{res} 为结构面开度下限值,若结构面开度小于 u_{res},则岩体变形不影响结构面渗流特性。

如果使用 INSITU 的 nodis 命令,则 u_{h0} 为初始地应力场下的结构面开度。在初始地应力作用下,u_{res} 将被设置为 u_{h0}。

在显式运算时,为了提高计算效率,除 u_{h0} 和 u_{res} 外,结构面最大开度 u_{max} 需要被定义。u_{max} 为流体计算时结构面允许的最大开度。然而,结构面的力学开度是通过式(4-5)计算的,为了反映结构面渗流特性的影响,通常将 f 设置为 1.0。因此,当计算的力学开度超过 u_{max} 时,力学开度将被赋值为 u_{max}。

在力学求解的每个时间步中,整个岩石–结构面系统的几何位置被更新,引起结构面开度变化,此时结构面内的流量可通过式(4-2)确定。在 3DEC 中,结构面上水压力被存储在渗流结内,在渗流求解步内,渗流结内的水压力将被更新。水压力更新公式如下:

$$p = p_0 + K_w Q \frac{\Delta t}{V} - K_w \frac{\Delta V}{V_m} \tag{4-6}$$

$$\Delta V = V - V_0 \tag{4-7}$$

$$V_m = (V + V_0)/2 \tag{4-8}$$

式中:p_0 为上一时间步存储的水压力;Q 为由相邻介质内流入渗流结的总流量;K_w 为水的体积模量;V 和 V_0 分别为上一步和当前渗流结的体积。

由于水不能承受拉应力,如果通过式(4-6)计算的水压力为负值,则渗流结内的水压力将设置为0。

4.1.3　结构面力学本构模型

3DEC 中内置了四种结构面力学本构模型,见表4.1。本次计算采用库伦滑移模型。库伦滑移模型主要参数见表4.2。

表4.1　结构面本构模型汇总

序号	名称	特性
1	Coulomb slip with weakening	库伦滑移破坏下的区域接触弹(塑)性,节理的剪切或拉伸破坏由黏聚力、张力和摩擦残余值来确定。默认黏聚力和张力残余值为0,若未提供摩擦残余值,则保持初始摩擦值
2	Perfectly plastic Coulomb slip	与 Jcons 1 相同,但是破坏过程中黏聚力一直存在,张力减少到残余值
3	Continuously yielding	连续屈服节理模型
7	elastic	弹性节理模型,不允许滑动和拉伸破坏

表4.2　库伦滑移模型主要参数

关键词	参数	关键词	参数
cohesion	黏聚力	resdilation	残余剪胀角
dilation	剪胀角	resfriction	残余摩擦角
friction	摩擦角	restension	残余张力
jkn	法向刚度	tension	抗拉强度
jks	切向刚度	zerdilation	零体变剪切位移

4.1.3.1　应力-变形关系

由于结构面的厚度远小于其在平面上的尺度,因此一般不用应力-应变关系表征结构面的变形规律,而是用应力-变形关系描述其变形特性。结构面的变形主要表现为垂直于结构面的闭合/张开变形和沿结构面的剪切滑移变形,因此结构面本构模型主要描述结构面的应力与法向变形和切向变形的关系。

当结构面沿剪切方向上为各向同性时,结构面上作用法向应力 σ 和剪切应力 τ,相应的产生法向位移 δ_n 和切向位移 δ_s。库伦滑移模型采用一个2×2 阶的矩阵表示:

$$\begin{Bmatrix} \sigma \\ \tau \end{Bmatrix} = \begin{Bmatrix} K_n & K_{ns} \\ K_{sn} & K_s \end{Bmatrix} \begin{Bmatrix} \delta_n \\ \delta_s \end{Bmatrix} \tag{4-9}$$

式中:K_n 为法向刚度系数,表示法向位移对法向应力的效应,$K_n = \dfrac{\partial \sigma}{\partial \delta_n}$;$K_s$ 为剪切刚度系

数,表示剪切位移对剪切应力的效应,$K_s = \dfrac{\partial \tau}{\partial \delta_s}$;$K_{ns}$ 为剪胀刚度系数,表示剪切位移对法向

应力的效应,$K_{ns} = \dfrac{\partial \sigma}{\partial \delta_s}$;$K_{sn}$ 表示法向位移对剪切应力的效应,$K_{sn} = \dfrac{\partial \tau}{\partial \delta_n}$。

通常,忽略刚度耦合项,即忽略法向位移对剪切应力、剪切位移对法向应力的影响,令 $K_{sn} = 0$,$K_{ns} = 0$。K_{nn} 和 K_{ss} 需要结合结构面性态综合确定。

4.1.3.2 抗剪强度准则

结构面的抗剪强度是岩体最主要的力学指标之一。结构面一般呈粗糙起伏状态,其剪切强度主要与接触面上的黏聚力、粗糙度、起伏度、岩块强度、应力状态等因素有关。结构面的抗剪强度一般采用 Mohr-Coulomb 准则:

$$\tau = c + f\sigma \tag{4-10}$$

式中:$f = \tan \varphi$;c、φ 分别为结构面的黏聚力和内摩擦角;σ 为结构面上的法向应力;τ 为结构面的抗剪强度值。

3DEC 内置的库伦滑移模型采用接触摩擦型节理模拟岩块的接触关系。假设块体间的法向力矢量增量 F_n(压为正)和剪切矢量增量 F_s,弹性阶段分别正比于法向位移增量 u_n 和切向位移增量 u_s,接触的法向与切向弹簧接触刚度分别为 k_n 和 k_s,并假定结构面满足库伦定律,则有:

$$F_n = \begin{cases} k_n u_n & u_n \leqslant 0 \\ 0 & u_n > 0 \end{cases} \tag{4-11}$$

$$F_s = \begin{cases} k_s u_s & |F_{cs}| \leqslant f|F_{cn}| + cL \\ \operatorname{sign}(u_s)(f|F_{cn}| + cL) & |F_{cs}| > f|F_{cn}| + cL \end{cases} \tag{4-12}$$

式中:F_{cn} 和 F_{cs} 分别为接触力 F_c 的法向和切向分量;k_n 和 k_s 分别为结构面的法向和切向刚度;u_n 和 u_s 分别为结构面的法向和切向相对位移;f 为结构面的摩擦系数;c 为结构面的黏聚力;L 为结构面长度。

4.1.4 岩体渗流与变形耦合模拟

如果水压力变化较大,引起结构面开度的变化不可忽略,则需进行岩体渗流与变形耦合模拟,即岩体变形将造成结构面上水压力变化,结构面上水压变化亦影响岩体变形和稳定。在 3DEC 中,主要通过频繁切换力学和渗流计算模块,实现岩体渗流与变形耦合功能。每个力学计算步内的渗流计算步数量,或每个渗流计算步内的力学计算步数量,均可通过编程预设。执行岩体渗流与变形耦合的步骤如下:

(1)定义流体性质。

岩体渗流与变形耦合模拟需要的流体参数包括密度 ρ、黏度 ν、体积模量 K_w,结构面渗流参数包括 u_{h0}、u_{res} 和 u_{max},上述参数通过 Property jmat 进行设置。

(2)求解初始应力场和渗流场。

为了求解初始平衡状态,首先将水的体积模量设置为 0,关闭渗流模块、激活力学模块,这一步确保在不改变渗流压力的情况下,获得初始地应力场;待初始地应力场形成后,将水的体积模量设置为真实值,打开渗流模块、关闭力学模块,这一步确保获得稳定的渗

流场。

由于初始应力场和平衡渗流场在漫长的历史时期内已经形成,初始化过程获取的岩体和结构面位移不具有物理意义,因此初始化完成后,采用 reset disp jdisp 命令对位移进行归零。

(3)执行耦合分析。

在耦合分析时,力学模块和渗流模块必须打开。在 3DEC 中,通过频繁切换力学和渗流计算模块,实现岩体渗流与变形耦合功能。每个力学计算步内的渗流计算步数量,或每个渗流计算步内的力学计算步数量,均可通过编程预设。

通常开挖平衡所需时间远小于渗流场平衡所需时间。事实上,在 3DEC 的耦合计算中,采用的是拟静力假定。首先,在现有渗流场条件下,运行力学模块获得力学场。尽管力学和流体计算均采用时间步控制,但力学模块的时间步不具有真实时间概念,仅渗流模块的时间步可与真实时间对应。另外,在每个渗流步内,需要运行足够多的力学步,使整个系统达到力学平衡。一般认为当最大补平衡力小于收敛阈值(1×10^{-5})后,整个系统达到平衡。收敛阈值可通过 Set fobu 命令进行更改。

在某些情况下,每个流量步内使最大补平衡力达到阈值将消耗大量时间。因此,在保证能够反映岩体真实响应的前提下,可定义每个流量步内执行的力学步数量。譬如,通过命令 Set nmech 200,在最大补平衡力未达到阈值的情况下,每个流体步内执行 200 个力学步即进入下一个流量步。当然,如果在流体步内,少于 200 个力学步的情况下,最大补平衡力已满足收敛条件,此时立即转入下一流量步。该命令的主要作用是防止在某个流量步内执行大量力学步,耗费大量时间。

对于每个流量步内,开挖扰动对岩体变形影响较小的情况,在每个流量步设置大量力学步基本没有必要。此时,可通过 Set ngw 命令在每个力学步内设置多个流量步,加快计算效率。

4.2 江门地下实验大厅水力特性分析

4.2.1 详勘阶段对水文地质条件的认识

4.2.1.1 物探勘察

在详勘阶段,中国电建集团昆明勘测设计研究院有限公司在现场开展了 6 条高频大地电磁法剖面探测、3 条高密度电法剖面探测、7 条可控音频大地电磁测探法剖面探测。

XKWT1 号剖面的高频大地电磁法成果见图 4.3。该剖面长 1 450 m,经过竖井和实验大厅平面位置。如图 4.3 所示,该剖面视电阻率在 100~3 000 Ω·m,空间变异性较大。剖面桩号 0+000~0+250 m 段、地表高程至高程−700 m 处电阻率为相对高阻区,电阻率值大于 300 Ω·m,推测为花岗岩,该段浅中部电阻率较高、深部电阻率较低,特别是−350 m以下,视电阻率有明显下降的趋势,推测为较破碎含水花岗岩体或者蚀变矿化花岗岩体。

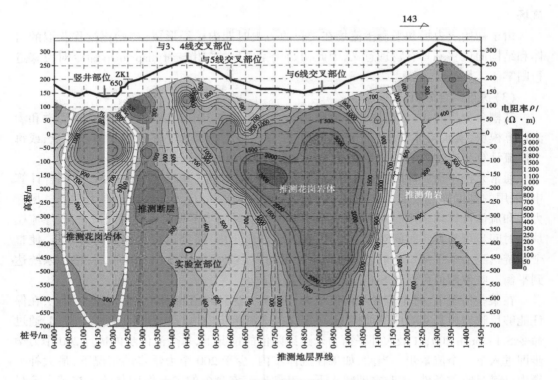

图 4.3　XKWT1 号剖面高频大地电磁法成果

结合 ZK1 电阻率测井的数据分布情况,推测该中低阻花岗岩区域可能由以下原因引起:①花岗岩体下部节理发育,在一定程度上含水引起岩体电阻率降低;②从实验大厅部位完钻的钻孔岩芯看,花岗岩体下部可能含有磁铁矿等金属矿物。由于项目的特殊性,不能在实验大厅部位开挖探洞,进一步揭露花岗岩区域低阻现象成因,给下一阶段淹井埋下安全隐患。

4.2.1.2　压水实验

在详勘阶段,共布置 7 个钻孔。除 ZK1 和 ZK2 外,其余 5 个钻孔均布置于沉积岩区。常规压水实验结果表明,基岩中岩体的透水性主要受节理裂隙的发育程度、张开度、充填情况和连通性影响。沉积岩区近地表的全～强风化带岩体,由于受风化、卸荷的影响,节理裂隙发育,岩体的透水性为中等～弱透水。随着深度的增加,岩体风化程度逐渐减弱,埋深 50 m 以下,岩体的透水率均小于 5 Lu,而埋深 100 m 以下,除个别地段岩体的透水率略大于 1 Lu 外,绝大部分岩体的透水率均小于 1 lu。沉积岩区深部岩体属于微透水。

ZK1 和 ZK2 布置于花岗岩区。其中,ZK2 在 126.11～201.55 m 深度范围内,进行了 15 段常规压水实验,实验段透水率 ≤1 Lu,表明场区内花岗岩弱风化以下岩体属于微透水。

本工程实验大厅埋深超过 700 m,为查明岩体在高水头压力下的透水性,在 ZK1 内进行了 29 段高压压水实验。每一实验段按照 6 级 11 个阶段进行,实验压力依次为 0.3 MPa→0.6 MPa→1.0 MPa→2.0 MPa→4.0 MPa→7.0 MPa→4.0 MPa→2.0 MPa→

1.0 MPa→0.6 MPa→0.3 MPa。高压压水实验结果表明,1 MPa 压力作用下,岩体的透水率在 0.71~3.71 Lu,均值为 1.4 Lu。最高压力 7 MPa 时,岩体的透水率在 0.58~0.80 Lu。23 个实验段的 P-Q 曲线类型为 B(紊流)型,即在高压条件下,岩体的裂隙状态没有发生变化;6 个实验段的 P-Q 曲线类型为 E(填充)型,即在高压条件下,裂隙被部分充填,造成岩体的渗透性减小。总体上,即使在 7 MPa 的高水头压力条件下,岩体的透水性仍很弱,深部岩体的抗透水能力强,且在高压作用下未见扩张及冲蚀现象。

主要结论:根据钻孔压水实验成果,实验大厅有效外水水头在 58~116 m,洞室涌水量较小。

4.2.2　斜、竖井施工阶段地下水情况

江门中微子实验站自 2015 年开工建设,前期施工开挖较为顺利。

斜井在施工开挖过程中,粉砂岩、泥岩及页岩段(桩号 X0+000~0+590)仅有少量渗水或滴水,局部有线状流水,洞壁整体呈潮湿状态,渗水量小。2015 年 9 月底斜井开挖到桩号 X0+590 m(水平桩号,下同)进入花岗岩段,随着开挖进度的增加,渗水量逐渐增大。为了保证工程安全,在随后掘进过程中采用探水注浆止水的方法。斜井透水性较强的节理裂隙为近东西向,单孔最大出水量一般为 90~140 m³/h,最小为 30 m³/h,最大达到 400 m³/h,出水点距离一般为 20~40 m,最小为 3 m,最大为 45 m。

竖井全段在花岗岩体内进行掘进,井口高程 127.5 m。根据前期勘探资料,竖井工区地下水位为 102 m(埋深约 25.5 m)。地下水位以上的开挖段井壁渗水量小,仅有少量渗水或滴水。2015 年 8 月,竖井掘进到 61.5 m 高程(井深 66 m),井壁渗水量逐渐增大,到 43.5 m 高程(井深 84 m)开始有井底涌水现象,井壁出水点主要集中在混凝土施工缝处,造成井帮淋水较大。竖井的单孔最大出水量一般为 70~130 m³/h,最小为 23 m³/h,最大为 140 m³/h,出水点距离一般为 12~40 m,最小为 3 m,最大为 46 m。

详勘地质勘察成果对施工涌水的预测和实际开挖过程存在明显的差异:①实际施工过程中反映出的花岗岩岩体透水性较强,施工过程中地下水的出渗形式不是滴水、渗水,而是为沿节理裂隙和断层的集中涌水;②计算出的涌水量和实际施工过程中的涌水量差异较大,实际涌水量远远大于预测的涌水量。

4.2.3　1#施工支洞揭露富水长大裂隙

根据施工组织设计,首先斜井和竖井同步开挖,然后开挖 1#、2# 施工支洞,通过施工支洞进入实验大厅施工。其中,1# 施工支洞与实验大厅轴线垂直,2# 施工支洞平行于实验大厅轴线。在 1# 施工支洞开挖期间,揭露近 NEE 向的 3 条长大裂隙:

L1:右壁桩号 SGZ1 0+090.5,左壁桩号 SGZ1 0+089。节理产状:290°~300°/ SW∠75°~85°,节理张开宽度为 1~3 cm,充填水泥浆,节理面有钙膜,节理稍弯曲,节理贯穿洞壁两侧,渗水严重。探水注浆时,探水孔遇到该节理时,出水 190 m³/h。

L2:右壁桩号 SGZ1 0+101.5,左壁桩号 SGZ1 0+099。节理产状:290°~300°/ SW∠75°~80°,节理张开宽度为 0.5~1 cm,充填水泥浆,节理面有钙膜,节理稍弯曲,节理贯穿洞壁两侧,渗水严重。探水注浆时,探水孔遇到该节理时,出水 180 m³/h。

L3:右壁桩号 SGZ1 0+115,左壁桩号 SGZ1 0+112。节理产状:270°/ S∠80°,节理张开宽度为 3~5 cm,充填水泥浆,节理面有钙膜,节理稍弯曲,节理贯穿洞壁两侧,渗水严重。探水注浆时,探水孔遇到该节理时,出水 200 m³/h。

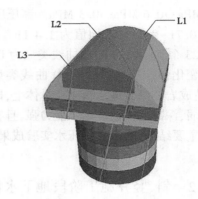

图 4.4　长大裂隙位置

3 条富水长大裂隙分别通过实验大厅的北侧、中部和南侧(见图 4.4),局部探水孔中出现超 2 MPa 的喷射涌水。鉴于水压力较高,且排水廊道尚未形成,可能对洞室围岩稳定有不利影响。本章主要分析上述 3 条高压长大裂隙对实验大厅顶拱围岩稳定的影响。

4.3　计算模型及工况

4.3.1　数值模型

本章数值模型范围和网格剖分原则与第二篇 2.3 节一致,不再重复叙述。长大裂隙与实验大厅的相对位置关系见图 4.4。

4.3.2　岩体及结构面本构模型及参数

采用 3DEC 软件模拟开挖支护过程。岩体采用 Hoek-Brown 模型,花岗岩单轴抗压强度 UCS=100 MPa,其他参数见表 4.3。长大裂隙采用摩尔-库伦强度准则,强度和变形参数见表 4.4。

表 4.3　围岩力学参数

m_i	m_b	s	a	K/GPa	G/GPa
33	11.3	0.035 7	0.501 4	19.5	12.9

表 4.4　长大裂隙力学参数

K_n/(MN/m)	K_s/(MN/m)	φ/(°)	c/MPa
2×10^4	1×10^4	25	0.1

4.3.3　计算工况

长大裂隙内的水压力与赋存环境、施工开挖步、掌子面排水条件等密切相关。现场调查显示,围岩地下水主要集中在这 3 条构造带内,形成 3 条脉状导水带,且导水带之间缺乏足够的水力联系,显著区别于岩体孔隙水和贯通良好裂隙网络内的地下水。

　　根据现实条件和工程需要,对导水带内的高压水做如下假设:①高压地下水仅存在于3条长大裂隙内,且只考虑静水压力作用,忽略动水压力、软化效应等影响;②假定在初始状态下,距离开挖面50 m处的水压力为5 MPa,开挖面处水压力为0、0.5 MPa、1.0 MPa、1.5 MPa、2.0 MPa,即分别模拟敞排和不同程度排水不畅(喷混凝土影响、排水失效等)。

　　根据上述假设,首先构造初始地应力场和长大裂隙水压力场(见图4.5)。随着实验大厅开挖揭露地下水,长大裂隙内的水压力降低,地应力和水压力场将发生动态变化。为模拟开挖引起的排水泄压过程,将洞室开挖面上的水压力设置为指定值,进行耦合计算。图4.5(b)为开挖完成后,在敞排条件下,长大裂隙内水压力分布情况。

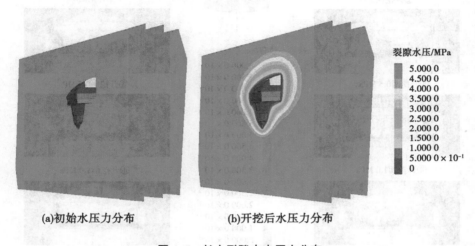

裂隙水压/MPa

5.000 0
4.500 0
4.000 0
3.500 0
3.000 0
2.500 0
2.000 0
1.500 0
1.000 0
5.000 0 × 10⁻¹
0

(a)初始水压力分布　　　　　　(b)开挖后水压力分布

图4.5　长大裂隙内水压力分布

4.4　顶拱围岩稳定分析

　　图4.6为开挖面不同水压力条件下实验大厅顶拱位移。其中,图4.6(a)为实验大厅SW侧围岩位移场,图4.6(b)为实验大厅NE侧围岩位移场。①为长大裂隙不含水时围岩位移场,②~⑥给出了开挖面处水压力分别为0、0.5 MPa、1.0 MPa、1.5 MPa、2.0 MPa时的围岩位移场。

　　如图4.6所示,长大裂隙L1和L3均造成顶拱位移场不连续,长大裂隙L2对顶拱位移场的影响较小。总体上,在开挖面不同水压力条件下,富水长大裂隙的影响范围十分有限,即使排水不畅造成开挖面处水压力达到2.0 MPa,较大变形仅发生在长大裂隙L3局部,围岩未发生整体大变形,表明富水长大裂隙对顶拱围岩的整体稳定影响较小。

　　相比较而言,当开挖面处水压较高时,L1和L2对围岩变形的影响不明显,L3在中部拱肩处将产生较大变形。该现象主要受长大裂隙产状和水压力控制,其中L3倾向开挖临空面方向,且高压水进一步降低结构面法向应力,共同诱发拱肩处围岩大变形。

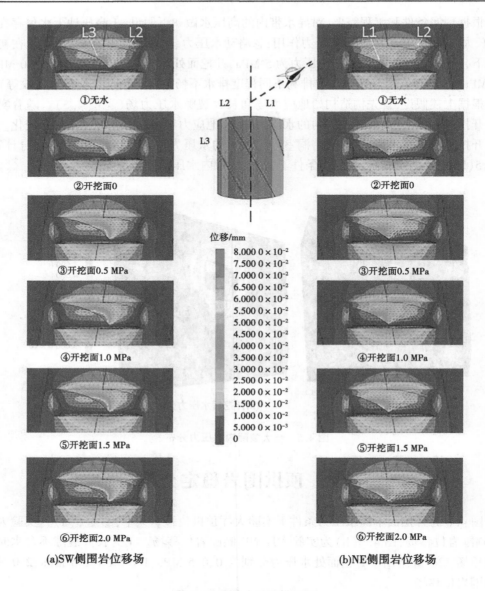

(a)SW侧围岩位移场   (b)NE侧围岩位移场

图 4.6　实验大厅顶拱位移

　　为量化评估不同开挖面水压力对长大裂隙附近围岩变形的影响,沿长大裂隙布置典型监测点。图 4.7 为典型监测点在不同排水条件下的变形监测结果。如图 4.7 所示,即使在开挖面敞排条件下,各监测点位移相对长大裂隙无水情况均有一定程度的增长,表明长大裂隙内高压水对顶拱浅部围岩变形有明显诱发作用。对于 L1 和 L2,随开挖面水压力升高,典型监测点位移变化较平缓,表明 L1 和 L2 对开挖面排水条件变化不敏感。对于 L3 上拱肩部位监测点 L3-1,随着开挖面水压升高,监测点变形陡增且趋势不收敛,因此工程中需采取排水措施,避免 L3 开挖面附近水压力壅高。基于上述计算结果,建议将 0.5 MPa 作为开挖面浅层围岩排水控制标准。

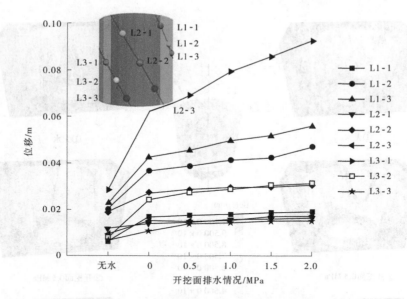

图4.7　典型监测点位移与开挖面水压关系

4.5　下部水池围岩稳定分析

图4.8为开挖面不同水压力条件下的水池位移。其中,图4.8(a)为下部水池 SW 侧围岩位移场,4.8(b)为下部水池 NE 侧围岩位移场,①为无水条件下水池位移,②~④分别为开挖面水压力0.5 MPa、1.0 MPa、2.0 MPa 对应的水池位移。如图4.8所示,无水和开挖面0.5MPa 条件下,L2 对水池位移场基本无影响,L3 在出露部位产生一定位移,L1在水池中上部变形明显,下部基本不受影响。随着开挖面水压升高,长大裂隙影响范围逐渐扩大,当开挖面水压力达到 2.0 MPa 时,3 条长大裂隙造成的大变形区域将在水池顶部连通,影响水池边墙安全。因此,认为将 0.5 MPa 作为浅层围岩排水控制标准能够基本满足边墙稳定要求。

图4.9分别给出了开挖面水压 0.5 MPa 和 2.0 MPa 时,下部水池在不同高程的位移分布情况。如图4.9所示,L2 对下部水池围岩变形基本无影响。图4.10 为−440.58 m 高程在长大裂隙附近典型监测点的应力路径。其中,EL.−440.58 m 对应第 5 个开挖步,如图4.10所示,随着实验大厅顶拱开挖(1~4 步),小主应力 σ_3 逐步减小,大主应力 σ_1 略有上升。由于水池断面为圆形,当开挖第 5 步时,径向卸荷导致 σ_3 快速降低,切向应力集中引起 σ_1 增大。根据压裂缝方向的印模结果,工程区最大水主应力在 N10°W~N54°W,计算结果显示,后续开挖将造成 L2 上监测点 P2-1 和 P2-2 产生持续应力集中。综上,第 5 步开挖后,切向应力与长大裂隙 L2 的走向大角度相交,且大主应力 σ_1 普遍大于 20 MPa,此时长大裂隙内高压地下水的作用被抑制,因此 L2 对下部水池围岩变形基本无影响。

如图4.9所示,长大裂隙 L1 和 L3 表现为变形边界作用,在 L1 和 L3 内侧浅层围岩变形较大,外侧深部围岩变形基本不受影响。图 4.10 中监测点 P1 和 P3 均表明,在经历第

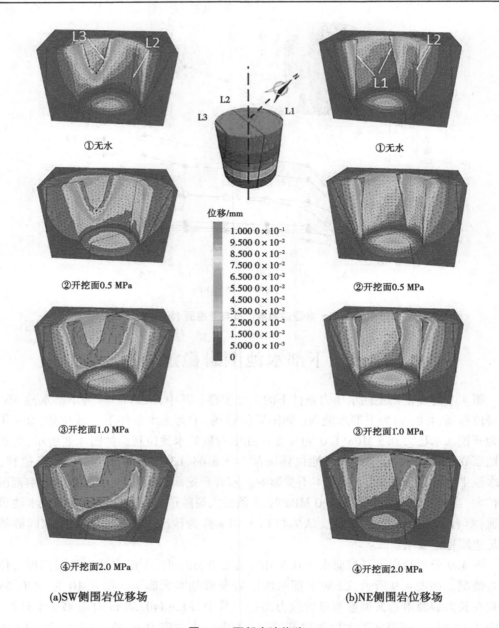

图 4.8　下部水池位移

5 步的应力集中后,水池浅部围岩出现了明显卸荷,陡倾角长大裂隙在高水压作用下,结构面上法向应力降低明显,上盘岩体产生了沿长大裂隙滑移的趋势。由于 L3 倾向水池内部,临空条件更差,因此 L3 附近围岩大变形范围明显大于 L1。综上,当开挖面水压力控制在 0.5 MPa 时,水池中上部浅表层围岩有变形不连续现象,但大变形深度较浅,均在系统支护作用范围内。鉴于长大裂隙 L3 影响范围相对较大,建议在 L3 出露部位进行锚杆加密。

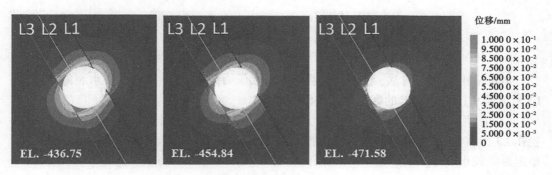

(a)开挖面水压0.5 MPa

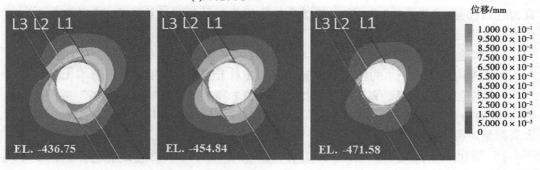

(b)开挖面水压2.0 MPa

图4.9　下部水池不同高程位移

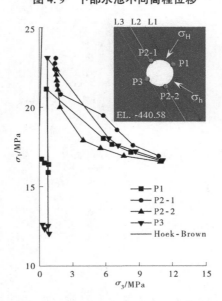

图4.10　下部水池典型部位应力路径

4.6　本章小结

本章采用离散元方法,系统分析了在不同水压力条件下,3 条长大富水裂隙 L1、L2、L3 对实验大厅围岩变形的影响。主要结论如下:

(1)在不同水压力条件下,富水长大裂隙对顶拱的影响范围十分有限,较大变形仅发生在 L3 出露的拱肩局部,围岩未发生整体大变形,表明富水长大裂隙对顶拱围岩的整体稳定影响较小。

(2)L1 和 L2 附近的顶拱围岩,对开挖面排水条件变化不敏感。随着开挖面水压升高,在拱肩部位的监测点 L3-1 变形陡增且趋势不收敛。基于计算成果,建议将 0.5 MPa 作为开挖面围岩的排水控制标准。

(3)水池开挖造成 L2 附近切向应力集中,且大主应力与 L2 的走向呈大角度相交,此时长大裂隙内高压地下水的作用被抑制,因此 L2 对下部水池的围岩变形基本无影响。

(4)水池岩体被挖除后,在后续开挖过程中,L1 和 L3 附近的浅部围岩产生了明显卸荷,且陡倾角长大裂隙在高水压作用下,结构面上法向应力降低明显,上盘岩体出现沿长大裂隙整体滑移的趋势。

(5)当开挖面水压力控制在 0.5 MPa 时,水池中上部的浅表围岩存在变形不连续现象,但较大变形深度较浅,均在系统支护作用范围内。鉴于长大裂隙 L3 的影响范围相对较大,建议在 L3 出露部位进行锚杆加密。

第 5 章　实验大厅安全监测与反馈分析

5.1　安全监测系统布置

工程安全监测资料是围岩在应力场、复杂地质条件及系统支护等综合作用下的最真实反映,也是围岩稳定性评价最直接和有效的手段之一。施工期监测主要对实验大厅及其附属洞室布置了变形、应力、渗流等监测项目。

本章仅重点关注与围岩稳定密切相关的变形、锚杆(索)应力监测资料。根据优势结构面产状,沿 NW—SE 和 NE—SW 方向在实验大厅设置 2 个主监测断面,见图 5.1。

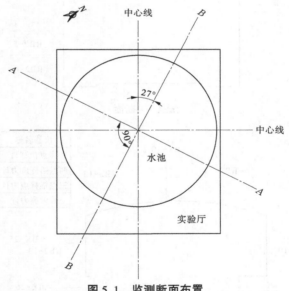

图 5.1　监测断面布置

典型监测断面仪器布置见图 5.2,具体布设情况如下:

(1)多点位移计。

顶拱:在顶拱中心布设 1 套四点位移计,在 A—A、B—B 断面对称各布设 2 套四点位移计,同时在 P_3F_1 和顶拱岩体完整性较差部位增设四点位移计。

端墙:在 A—A、B—B 断面左右端墙对称布设 2 套四点位移计,在上端墙中心线附近布设 1 套四点位移计。

水池:在 A—A、B—B 断面水池左右池壁各布设 4 套四点位移计。

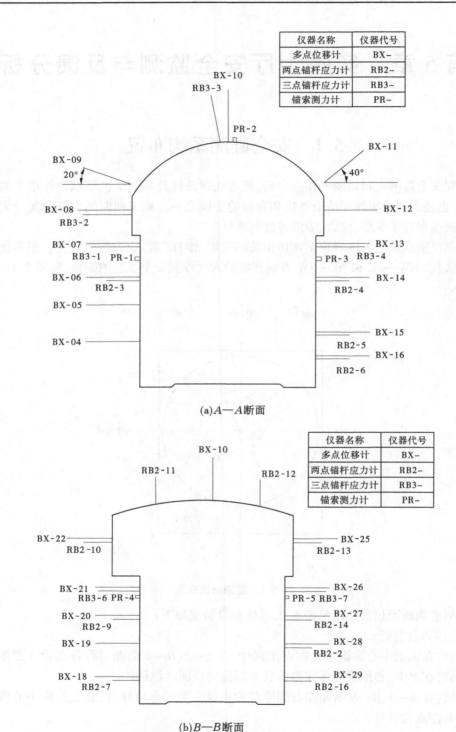

(a)A—A断面

(b)B—B断面

图 5.2 监测断面布置

（2）锚杆应力计。

锚杆应力计与多点位移计配套布置，6.0 m 长砂浆锚杆布设两点锚杆应力计，9.0 m 长锚杆布设三点锚杆应力计。

（3）锚索测力计。

在水池池壁附近，靠近端墙处左右对称各布设 4 套锚杆测力计。在顶拱中心、P_3F_1 和顶拱岩体完整性较差部位各布设 1 套锚索测力计。

5.2 实验大厅安全监测资料分析

5.2.1 围岩变形特征分析

截至目前，实验大厅围岩变形量级分布见图 5.3。如图 5.3 所示，0~10 mm 的测点为 12 个，占总测点数的 42.86%；10~20 mm 的测点为 12 个，占测点总数的 42.86%；20~ 30 mm 的测点为 3 个，占总测点数的 10.71%；大于 30 mm 的测点为 1 个，占测点总数的 3.57%。

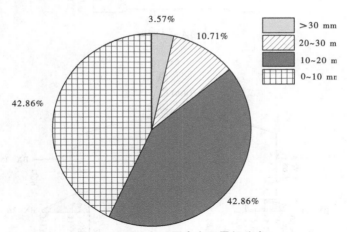

图 5.3 实验大厅围岩变形量级分布

图 5.4 为实验大厅围岩变形分布情况。如图 5.4 所示，由于实验大厅顶拱跨度达 49 m，卸荷作用强烈，顶拱和端墙的变形量普遍大于水池，最大变形量为 31.94 mm，位于实验大厅顶拱中心 BX-10。尽管项目在实验大厅底板布置了锁口砂浆锚杆（ϕ 32@1.00× 0.80，$L=6.00$），并在水池上部安装 3 排 2 000 kN 的预应力锚索，但水池顶部不利结构面组合揭露更彻底，临空条件差，导致水池顶部位移较大，水池上部变形明显大于下部。总体上，实验大厅围岩质量较好，地应力水平适中，多点位移计测值总体较小，多数已趋于收敛。与国内同类大型地下厂房相比，实验大厅围岩变形与溪洛渡和向家坝相当（见表 5.1）。

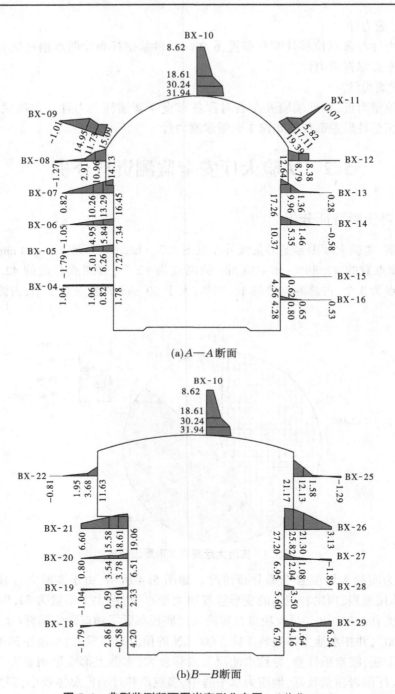

(a)A—A断面

(b)B—B断面

图 5.4　典型监测断面围岩变形分布图　（单位:mm）

表5.1　地下厂房变形工程类比

序号	工程	最大位移/mm	一般位移/mm
1	官地	63.1	10~30
2	溪洛渡	47.2	5~20
3	锦屏一级	104.0	30~50
4	锦屏二级	92.9	10~60
5	向家坝	32.1	0~10

　　根据围岩变形时程曲线的特征(见图5.5),可将围岩变形分为浅表松弛型、变形连续型、结构面控制型。如图5.6所示,浅表松弛型的围岩变形主要发生在0~8 m深度内,超过8 m深度基本不发生变形,系统砂浆锚杆支护后,浅表松弛型围岩变形收敛很快,对结构安全影响不大。连续变形型的围岩变形沿孔深基本连续线性减小,但衰减速度较慢,围岩变形深度可超过20 m,表明完整岩体在高应力作用下,塑性区逐渐向深部发展,存在时效变形的可能性,若变形持续增长,需进一步补强支护。结构面控制型的典型特征是一定深度内的两个测点变形量和变化趋势基本完全一致,呈现良好的同步性和一致性,表明特定结构面的外侧岩体在开挖卸荷过程中发生了整体位移,现场需结合围岩表面变形速率变化情况,必要时布置穿过结构面的预应力锚杆,提高结构面上法向应力,避免出现块体失稳现象。

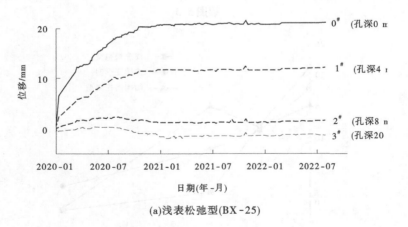

(a)浅表松弛型(BX-25)

图5.5　围岩变形特征曲线

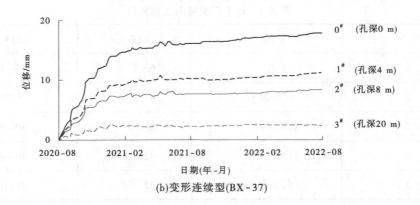

(b)变形连续型(BX-37)

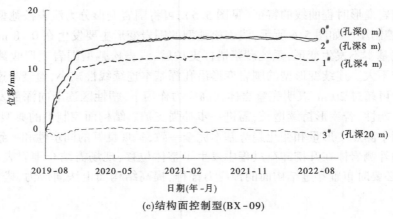

(c)结构面控制型(BX-09)

续图 5.5

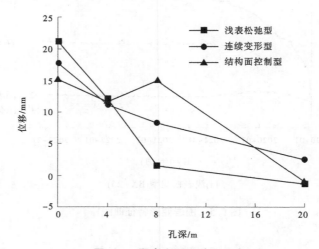

图 5.6 围岩变形沿孔深分布

5.2.2　锚杆受力分析

现场安装 51 支锚杆应力计,施工过程中 RB3-1 损坏,锚杆应力分布见图 5.7。总体上,受压锚杆有 6 支,占总数的 12.5%。受拉锚杆有 42 支,占总数的 87.5%。

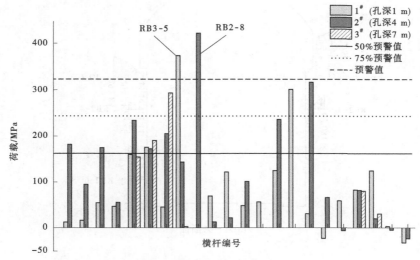

图 5.7　砂浆锚杆应力分布

根据《岩土锚杆与喷射混凝土支护工程技术规范》(GB 50086—2015),持有的锚杆受拉极限承载力与设计要求的锚杆受拉极限承载力之比应不大于 0.9。砂浆锚杆采用 HRB400 级钢筋,杆体强度设计值为 360 MPa。图 5.7 中显示出了 50%预警值、75%预警值和预警值。如图 5.7 所示,大部分锚杆测力计读数低于 50%预警值,表明围岩完整性好,开挖后变形小,锚杆具有较高安全裕量;超过 75%预警值的锚杆有 5 支,占总数的 10.4%;超过预警值的锚杆有 2 支,占总数的 4.2%,RB3-5 和 RB2-8 应力分别达到 373.98 MPa 和 423.41 MPa,超预警值原因将在第 4.4 小节进行具体分析。

图 5.8 为 A—A 和 B—B 断面的锚杆轴力分布情况,实验大厅顶拱与端(边)墙锚杆的应力水平高于水池锚杆的应力,A—A 断面锚杆应力水平高于 B—B 断面。对于完整岩体,开挖引起的变形首先发生在浅表围岩中,随应力重分布范围增大,变形逐渐向深部发展,锚杆应力将呈现由表及里逐渐减小的规律,即浅表处锚杆应力最大,围岩深处锚杆应力逐渐减小。如图 5.8 所示,江门实验大厅部分锚杆 4 m 深度处应力较大,浅表处锚杆较小,表明围岩变形受结构面控制,在开挖卸荷过程中结构面外侧岩体发生了整体位移。

5.2.3　锚索受力分析

现场安装 12 台锚索测力计,施工过程中损坏 2 台,锚索测力计监测成果见图 5.9。如图 5.9 所示,当前所有锚索测值均小于设计锚固力 2 000 kN。除 PR-11 预应力略微降低,其他锚索当前值均超过锁定值,其中 PR-1、PR-3 和 PR-9 布置于 A—A 断面,当前测值相比锁定值分别增大 18.2%、25.3%和 16.1%。PR-4、PR-5 和 PR-7 布置于 B—B 断面,

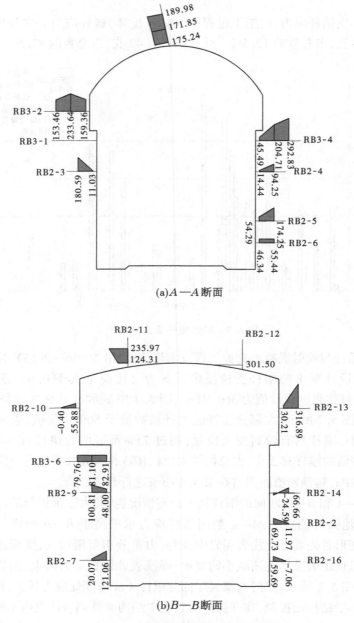

(a)A—A断面

(b)B—B断面

图5.8　典型监测断面锚杆应力分布

当前测值相比锁定值增长幅度均小于5%。PR-6布置于顶拱揭露的P_3F_1断层附近,较大的变形造成锚索预应力增长19.6%。

根据《岩土锚杆与喷射混凝土支护工程技术规范》(GB 50086—2015),当预加力小于锚杆(索)拉力设计值时,锚杆预加力的变化幅度应在[-10%锁定荷载,+10%拉力设计值]。如图5.9所示,除PR-1和PR-2外,其他锚索均满足工程安全控制要求。PR-1和

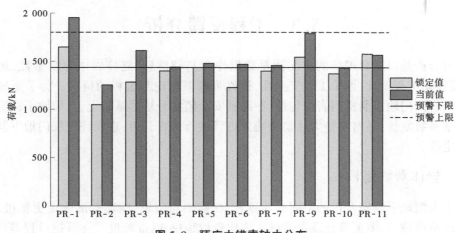

图 5.9　预应力锚索轴力分布

PR-2 的荷载时程曲线见图 5.10。如图 5.10 所示,预应力锚索锁定后,随着围岩向临空面变形,预应力呈现波动上升趋势。地下洞室于 2021 年 4 月完成全部开挖和支护,此后围岩时效变形不明显,锚索预应力已经基本稳定。预警锚索主要与锚索安装时的锁定值有关,其中 PR-1 锚索安装时锁定值偏大,造成测值超上限,目前变化速率为 0.003 kN/d。PR-2 位于顶拱中心,鉴于实验大厅跨度达 49 m,可能产生时效变形,为避免后期锚索应力超限,施工时适当降低了预张拉水平,目前变化速率为 0.01 kN/d。从围岩稳定角度,上述预警锚索测值都已经稳定,围岩不存在稳定问题。

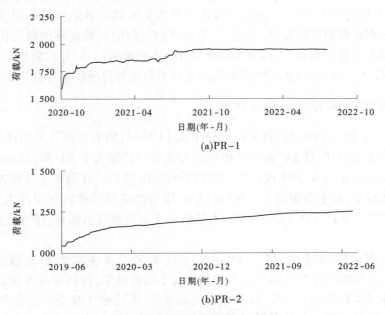

图 5.10　预警锚索荷载时程曲线

5.3　工程反馈分析

反馈分析是以工程现场的多元测量数据作为基础信息,复核岩体力学参数、地应力等,进而优化工程设计、评价工程安全性,被称为联系理论与工程的桥梁。为了更加全面系统地分析江门地下洞室围岩稳定性,在洞室安全监测分析的基础上,开展地下洞室围岩综合力学参数复核,并对实验大厅整个施工过程进行仿真分析,进而评价江门地下洞室的整体稳定性。

5.3.1　岩体参数复核

由于大型地下洞室开挖的空间效应显著,在监测点附近,围岩变形响应更积极,随着开挖面远离监测点,测值变化逐渐衰减。本次选取顶拱30 m跨度实际开挖过程进行模拟(见图5-11)。考虑到现场施工过程中支护实际比较滞后,在进行锚杆(索)支护前围岩的变形已经基本完成,因此计算中只模拟开挖过程,不进行支护模拟。

对于大跨度地下洞室,顶拱位移是重要的评价指标之一。为了将数值模拟结果与现场监测数据进行对比,在数值模型的顶拱中心布置4个监测点(见图5.12),其中1#监测点位于洞壁,2#监测点深度为2 m,3#监测点深度为8 m,4#监测点深度为20 m。数值模型中的监测点与工程现场埋设的BX-10位置一一对应(见图5.2)。

图5.13(a)是BX-10的位移时程监测值,图5.13(b)是BX-10的位移计算值。如图5.13所示,数值模拟结果与现场监测的位移时程曲线规律基本一致,仅量值有所差别。事实上,由于工程现场的高度复杂性,且监测设备安装时机与数值模拟不同,因此一般采用位移增量法判断数值模拟效果。表5.2为各开挖过程引起的位移增量对比。总体上,当以位移增量为评价指标时,大部分多点位移测点的增量位移,计算值和实测值吻合较好,总体规律较为一致,表明数值模拟采用的岩体参数能够反映围岩综合力学特性。

5.3.2　实验大厅围岩稳定整体评价

图5.14为实验大厅围岩位移分布。如图5.14所示,围岩变形较大的区域主要出现在下部水池边墙的顶部,且SW侧边墙出现较大变形的范围大于NE侧,这些区域的变形量范围在36~40 mm。SW侧出现较大变形的影响深度约7 m,在沿水池高度方向上,围岩变形深度迅速减小,在水池顶部下方10 m以下,围岩的变形迅速转变为浅表变形。下部水池在顶部设计了3排2 000 kN的预应力锚索和9 m长预应力锚杆,可有效控制水池顶部的不利变形。

为了分析围岩屈服情况,图5.15给出了实验大厅大主应力和屈服区分布。如图5.15所示,在实验大厅的顶拱应力集中区出现了屈服现象,但屈服深度仅2 m,表明围岩高应力破坏风险程度相对较弱、仅局限在局部区域,不构成工程中普遍存在、需要关注的突出问题。水池边墙上部的屈服深度相对较大,但该部位最大主应力水平相对最低,属于应力释放导致的屈服(张性或张剪性),在现场表现为结构面的张开、剪切,乃至块体失稳破坏等,并非传统剪切屈服范畴,且屈服区深度均在系统支护控制范围内。

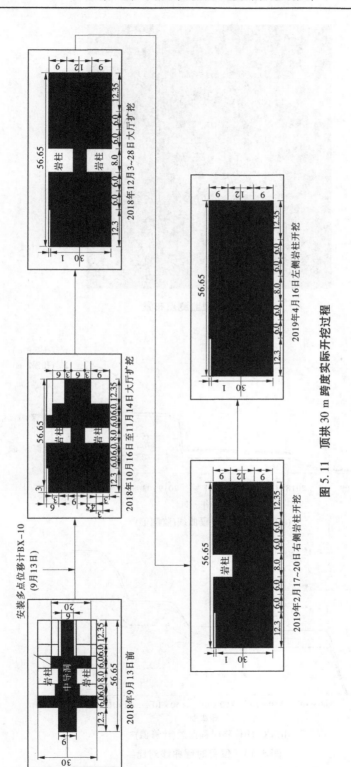

图 5.11 顶拱 30 m 跨度实际开挖过程

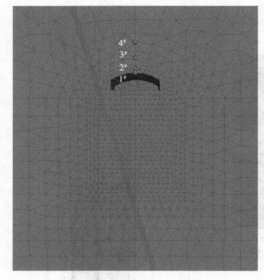

图 5.12　典型监测点布置

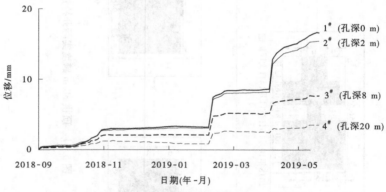

(a)BX-10位移时程曲线(监测值)

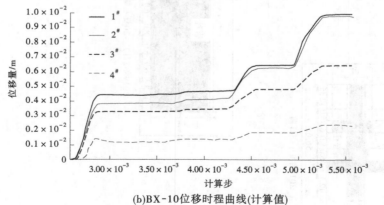

(b)BX-10位移时程曲线(计算值)

图 5.13　位移时程曲线对比

表 5.2 位移增量对比 单位:mm

施工过程	1#(孔深 0 m)		2#(孔深 2 m)		3#(孔深 8 m)		4#(孔深 20 m)	
	监测值	计算值	监测值	计算值	监测值	计算值	监测值	计算值
第 1 次扩挖	2.36	4.46	2.07	3.90	1.63	3.30	0.82	1.29
第 2 次扩挖	0.12	0.28	0.09	0.33	0.01	0.23	−0.12	0.19
第 3 次扩挖	4.32	1.77	4.16	2.09	2.64	1.33	1.50	0.47
第 4 次扩挖	4.27	3.44	3.92	3.47	1.42	1.58	0.52	0.44

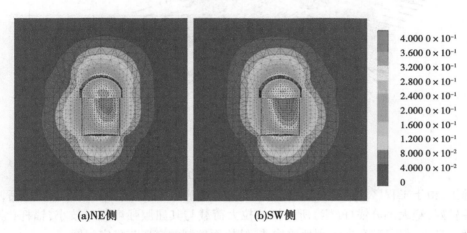

(a)NE侧 (b)SW侧

图 5.14 实验大厅围岩变形云图

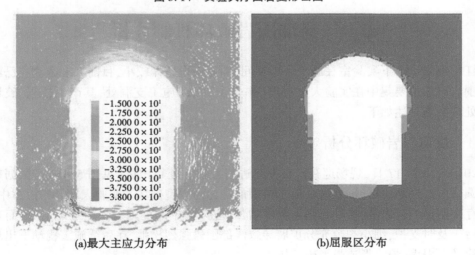

(a)最大主应力分布 (b)屈服区分布

图 5.15 实验大厅围岩屈服情况

图 5.16 显示了实验大厅支护系统轴力分布。如图 5.16 所示,大多数锚索的拉力在 2 500 kN 以下,锚索应力增长和松弛程度都较低,显示良好的安全性。约90%预应力锚杆 的轴力低于其屈服强度,轴力较大的锚索与围岩较大变形部位有明显一致性。砂浆锚杆

主要用于控制浅层围岩的块体稳定,轴力基本全部在 100 kN 以下。

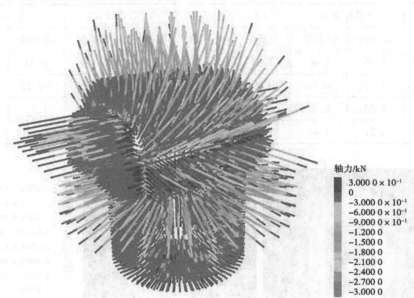

图 5.16　锚索(杆)轴力分布

　　综上,由于工程区地应力水平不高,实验大厅围岩质量较好,围岩强度应力比高,整体稳定性较好;绝大部分锚杆(索)所承担的拉力荷载与其屈服强度相对较小,锚杆(索)的工作性状良好;但局部存在不利地质构造、结构面控制的变形与稳定问题。

5.4　局部围岩破坏机制分析

　　江门中微子地下实验室在施工开挖期间,围岩变形整体较小,目前大多数测点已经收敛。围岩破坏主要集中在实验大厅拱肩"牛鼻子"和 2# 施工支洞处,其产生过程、破坏机制及处理措施分述如下。

5.4.1　拱肩围岩破坏分析

　　2019 年 9 月 17 日,现场巡视时在左侧边墙发现一处超挖坑(见图 5.17)。根据超挖坑的圆弧形态判断,该处围岩破坏属于典型的应力诱发型破坏。实验大厅开挖过程中,拱肩处存在明显的应力集中,并且随着跨度增加,应力集中的范围和强度逐渐上升,而现场开挖后未及时支护,细小裂隙充分扩展导致浅部围岩强烈松弛,在后续施工扰动下出现持续掉块乃至坍塌,最终形成弧形破坏坑。

　　2019 年 10 月 14 日,实验大厅顶拱跨度开挖至 46.7 m 时,现场巡视在右侧拱肩发现两处宽度超过 4 m 的超挖(见图 5.18),在两处超挖部位之间存在一段残余岩体,残余岩体下方已被掏空,呈现三面临空的"悬挂"状态,超挖导致轮廓线外侧围岩出现明显凸出,凸起围岩处应力松弛导致切向约束降低,不利于起拱和围岩稳定。

图 5.17　左侧边墙超挖坑

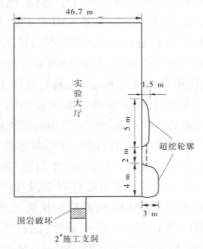

(a)超挖位置示意

(b)现场照片

图 5.18　"牛鼻子"处围岩破坏现象

2019 年 11 月 13 日在"牛鼻子"处安装一支锚杆应力计,安装位置见图 5.18(b),应力时程曲线见图 5.19。如图 5.19 所示,1#锚头处应力明显小于 2#锚头,且最终测值仅 40 MPa,表明"牛鼻子"处围岩变形受内部结构面控制。

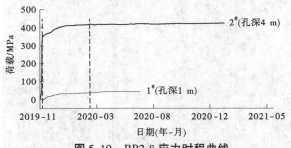

图 5.19　RB2-8 应力时程曲线

2#锚头应力经历了快速突变、降速爬升、趋于稳定 3 个阶段。其中,13~18 日,锚杆应力增幅为 344 MPa,应力快速突变主要由扩挖引起,扩挖形成三面临空的"牛鼻子"形态,18~21 日加密监测显示,扩挖后锚杆应力以 2 MPa/d 的速率变化。

23~25 日,对"牛鼻子"部位进行补强支护,在超挖区域中间的残余岩体上,增加梅花形布置的预应力锚杆(φ32@1.5 m×1.5 m,L=9 m),锚杆角度垂直开挖面,并将钢筋网(φ12@0.2 m×0.2 m)压牢在锚杆垫板之下,最后复喷 10 cm 厚的 C30 混凝土。针对超挖区域,鉴于"悬挂"状态的残余岩体构成了永久顶拱的一部分,采用多次分层喷混回填的方式,改善超挖区轮廓形态,并对残余岩体起到底部支撑作用。

2019 年 11 月 25 日至 2020 年 3 月,随着开挖面远离"牛鼻子"区域,锚杆应力降速爬升,变化速率约 0.5 MPa/d。之后,锚杆应力趋于稳定,变化速率降至 0.02 MPa/d 以下。

目前,锚杆应力为 423.41 MPa,超过锚杆强度设计值 360 MPa。从承载力角度分析,尽管锚杆应力偏大,但尚低于 HRB400 钢筋的抗拉强度 540 MPa。锚杆超预警值的主要影响是造成安全储备降低,当前应力已趋于稳定,锚杆不存在拉断风险。"牛鼻子"附近布置有多点位移计 BX-09,最大变形量为 15.09 mm,变形速率小于 0.01 mm/d,表明补强支护对"牛鼻子"处岩体加固作用明显,基本消除了扩挖的不利影响。

5.4.2　2#施工支洞围岩破坏分析

在 2#施工支洞开挖时,发现距实验大厅入口 10 m 范围内的围岩存在细小裂隙,但未进行支护。2019 年 12 月 2 日,现场巡视发现此处裂隙数量、宽度和长度出现明显增长。12 月 18 日,2#施工支洞右侧喷层开裂。12 月 21 日,2#施工支洞左侧岩体出现掉块现象,右侧喷层裂纹长度和宽度进一步增长(见图 5.20)。总体上,2#施工支洞的围岩破坏均为应力调整导致的围岩破裂,但受结构面产状影响,施工支洞两侧围岩破坏形式明显不同。

图 5.21 为 2#施工支洞地质素描图。左侧围岩发育反倾节理,在高应力作用下表现为岩块剪切破坏,岩块破碎后完整性较差,但破坏深度较浅,破坏主要发生在岩体浅表层。在该部位布置一支锚杆应力计 RB3-5,如图 5.22 所示,RB3-5 符合浅表松弛型特征,12 月 27 日实验大厅上端墙预裂和拉底施工时,孔深 1 m 处锚头应力快速增长至 301.15 MPa,

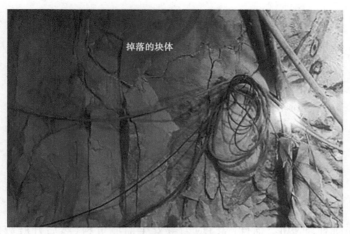

(a)左侧岩体掉块

(b)右侧喷层开裂

图 5.20　2#施工支洞围岩破坏现象

此时 4 m 深度处测值为 24.09 MPa,进一步证明 2#施工支洞左侧岩体属于浅表层破坏。在后续水池开挖过程中,应力调整导致变形深度有所增加,4 m 深度处锚杆应力增长至 143.23 MPa,7 m 深度处应力基本为零。目前,各测点应力已趋于稳定。

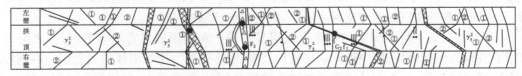

图 5.21　2#施工支洞地质素描图

2#施工支洞右侧岩体内发育顺倾节理,在不利条件下可能产生拉裂滑移,危害程度大。尤其后续开挖"掏脚",可能造成喷层开裂加剧。因此,对该部位进行了补强支护,现场巡视表明,右侧岩体的喷层裂缝未进一步发展。

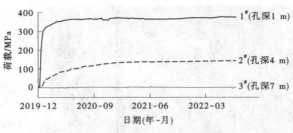

图 5.22　RB3-5 应力时程曲线

5.5　本章小结

本章首先系统梳理变形、锚杆(索)应力等安全监测资料,然后开展数值反馈分析,最后结合施工过程、地质素描、现场巡查、安监资料等,分析局部围岩破坏机制。主要结论如下:

(1)实验大厅围岩变形量不大,主要在 0~20 mm,占测点总数的 85.72%。最大变形量为 31.94 mm,位于实验大厅顶拱中心。围岩变形时程曲线可分为浅表松弛型、变形连续型、结构面控制型。总体上,实验大厅围岩质量较好,地应力水平适中,多点位移计测值总体较小,目前多数已收敛。

(2)除两支锚杆应力计超预警值外,锚杆整体具有较高的安全裕量。受地应力和优势节理面方向影响,顶拱与端(边)墙锚杆的应力水平高于水池锚杆,A—A 断面锚杆应力水平高于 B—B 断面。

(3)除 PR-1 和 PR-2 外,其他预应力锚索均满足工程安全控制要求。锚索的当前测值与预张拉水平直接相关,目前预警锚索的测值均已收敛。

(4)数值反馈分析表明,由于工程区地应力水平不高,实验大厅围岩质量较好,围岩强度应力比高,实验大厅的整体稳定性较好;绝大部分锚杆(索)承担的拉力荷载小于其屈服强度,锚杆(索)的工作性态良好;但局部存在不利地质构造、结构面控制的围岩变形与稳定问题。

(5)应力集中是边墙超挖的内因,支护滞后是围岩破坏的外因。"牛鼻子"处围岩变形受内部结构面控制,与开挖施工具有强关联性,锚杆应力经历了快速突变、降速爬升、趋于稳定 3 个阶段。尽管锚杆测力计 RB2-8 超预警值,但与邻近多点位移计 BX-09 综合分析,认为围岩变形和应力的变化速率极小,扩挖影响已基本消除。

(6)$2^{\#}$ 施工支洞两侧围岩的破坏形式明显不同。左侧围岩发育反倾节理,在高应力作用下表现为剪切破坏,岩块破碎后完整性较差,破坏主要发生在岩体的浅表层。右侧岩体内发育顺倾节理,在不利条件下可能产生拉裂滑移,危害程度大,对该部位补强支护后,喷层裂缝未进一步发展。

第6章　基于小波-云模型的围岩变形监控指标拟定

6.1　引　言

监控指标是实时掌握工程运行状态、保障人员财产安全的重要依据。由于大型地下洞室群赋存地质条件复杂，围岩稳定受洞室规模、布置形式、岩体质量等众多因素影响，具体工程围岩变形监控指标的拟定尤其复杂。

本章首先介绍传统置信区间法和典型小概率法的基本原理，然后针对传统监控指标拟定方法存在的含噪声数据精度低、人为假定概率密度函数等不足，提出一种基于小波-云模型的监控指标拟定方法，应用于江门中微子实验厅，并与传统的典型小概率法拟定指标进行对比，验证了所述方法的合理性和可行性。

6.2　传统监控指标拟定方法

对于长期且连续的监测资料，基于数理统计的安全监控指标拟定是一种较为成熟的计算分析方法。常见的数理统计监控指标计算方法主要包括置信区间法和典型小概率法。

6.2.1　置信区间法

置信区间法的基本原理是统计理论的小概率事件。取显著性水平 α（一般为 1%～5%），则 $P_\alpha = \alpha$ 为小概率事件，在统计学中认为是不可能发生的事件，如果发生，则认为是异常。该法的基本思路是根据以往的监测资料，用统计理论（如回归分析等）或有限元计算，建立监测效应量与荷载之间的数学模型。用这些模型计算在各种荷载作用下监测效应量与实测值 E 之间的差值，该值有 $1-\alpha$ 的概率落在置信带（ $=\pm i\alpha$）范围之内，而且测值过程无明显趋势性变化，则认为工程运行是正常的；超过置信带范围则认为是异常的。此时相应的监测效应量的监控指标 E_m 为

$$E_m = E \pm i\Delta \tag{6-1}$$

式中：i 与显著性水平 α 取值相关，一般 $i=2$ 对应 $\alpha=5\%$，$i=3$ 对应 $\alpha=1\%$。

6.2.2　典型小概率法

典型小概率法是根据实测资料，结合工程的具体情况，选择最不利荷载组合时的监测效应量。显然 E_{mi} 为随机变量，每年有一个子样，因此得到一个样本

$$E = \{E_{mi}, E_{m2}, \cdots, E_{mn}\} \tag{6-2}$$

一般 E_{mi} 是一个小子样样本空间,用式(6-3)、式(6-4)估计其数字特征值。然后应用小子样统计检验方法(如 A–D 法、K–S 法)对其进行分布检验,确定其概率密度函数的分布函数(如正态分布、对数正态分布和极值 I 型分布等)。

$$\bar{E} = \frac{1}{n} \sum_{i=1}^{n} E_{mi} \tag{6-3}$$

$$\sigma_E = \sqrt{\frac{1}{n-1}(\sum_{i=1}^{n} E_{mi}^2 - n\bar{E}^2)} \tag{6-4}$$

令 E_m 为监测效应量或某一荷载分布的极值。当 $E > E_m$ 时,工程将要失事,其概率为:

$$P(E > E_m) = P_\alpha = \int_{E_m}^{\infty} f(E) \, dE \tag{6-5}$$

求出 E_m 分布后,估算 E_m 的主要问题是确定显著性水平 α,其值根据工程重要性确定。确定 α 后,由 E_{mi} 的分布函数直接求出 $E_m = F^{-1}(\bar{E}, \sigma_E, \alpha)$。根据国内外普遍使用情况,显著性水平 α 一般为 1%~5%。

6.2.3 两种传统方法对比

综合比较两种数理统计方法,其中置信区间法基本思路是根据历史监测资料,用统计理论(如回归分析等),建立监测效应量与荷载之间的数学模型,然后用这些模型计算各种荷载作用下监测效应量与实测值的差值,超过置信带范围则认为是异常值,置信区间法的计算结果是数学模型+置信带范围,实为一种动态指标,置信区间法计算结果准确度与统计模型精度有很大关系,一般模型复相关系数大于 0.8 才能用于分析计算。

典型小概率法是选取实测数据年周期内最大值或最为不利荷载工况下的监测效应量建立样本空间,根据工程级别和重要性程度,确定其失事概率 α 后,取样本空间的上侧 α 分位点作为安全监控指标,得到的结果是一种固定值。

典型小概率法定性联系了对强度和稳定不利的荷载组合所产生的效应量,比置信区间估计法更接近现行荷载条件下的效应量极值,典型小概率法主要依赖于时间序列较长且包含最不利荷载组合情况的监测资料,考虑到江门地下洞室开挖支护完成后,已安全运行一定时间,且典型小概率法计算相对简便,更适合用于工程运行期间的围岩变形监控指标的拟定。

6.3 基于小波–云模型的监控指标拟定方法

针对传统监控指标拟定方法存在的含噪声数据精度低、人为假定概率密度函数等不足,本节将建立一种基于小波–云模型的监控指标拟定方法。

受环境波动、仪器精度等因素影响,现场监测数据普遍含有噪声。通常,真实信号主要分布于数据的低频区域,局部细节信息和噪声则混杂在高频区域。小波变换通过伸缩、平移运算对数据逐步进行多尺度细化,最终达到高频区域时间细分、低频区域频率细分,可聚焦于数据的任意细节。小波降噪基于小波变换多分辨分析的特性,根据噪声与真实信号在不同频带上的小波分解系数具有不同强度分布的特点,将各频带上噪声对应的小波系数去除,保留原始信号的小波分解系数,然后对处理后的系数进行小波重构,得到纯净数据。小波降噪既能降低数据噪声,又能保留数据的局部细节信息,可用于监控指标拟定前的数据预处理。

云模型充分考虑数据的随机性和模糊性,无须事先设定数据的概率分布函数,即可基于原型监测数据拟定监控指标。首先采用逆向云发生器,计算数据样本的期望、熵和超熵(E_x,E_n,H_e),实现数据特征的定性;然后通过正向云发生器生成云滴群,实现数据特征的定量。最后基于云模型的"$3E_n$ 规则"确定监控指标。

本书首先采用小波降噪对监测数据进行预处理,然后采用云模型拟定监控指标,其计算流程见图 6.1。具体实施步骤如下:

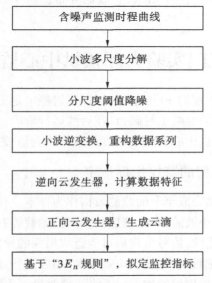

图 6.1　基于小波–云模型拟定监控指标流程

(1)选择小波基和分解层次,对含噪声监测数据进行多尺度分解。

(2)对高频系数进行阈值量化,对于从 1 到 N 的每一层,选择一个阈值,并对这一层的高频系数进行软阈值化处理。

(3)根据小波分解的第 N 层的低频系数和经过修改的从第 1 层到第 N 层的高频系数,采用小波逆变换重构真实数据系列。

(4)采用逆向云发生器,根据式(6-6)~式(6-10)计算数据样本的期望、熵和超熵(E_x,E_n,H_e)。

$$\overline{X} = \frac{1}{n}\sum_{i=1}^{n} x_i \tag{6-6}$$

$$S^2 = \frac{1}{n-1}\sum_{i=1}^{n}(x_i - \overline{X})^2 \tag{6-7}$$

$$E_x = \overline{X} \tag{6-8}$$

$$E_n = \sqrt{\frac{\pi}{2}} \times \frac{1}{n} \sum_{i=1}^{n} |x_i - E_x| \tag{6-9}$$

$$H_e = \sqrt{S^2 - E_n^2} \tag{6-10}$$

（5）采用正向云发生器生成云滴。①生成期望为 E_n，方差为 H_e^2 的正态随机数 E'_n；②生成期望为 E_x，方差为 $E_n'^2$ 的正态随机数 y_i；③采用 $\mu_i = \exp[-(y_i - E_x)^2/2E_n'^2]$ 计算隶属度，则 (y_i, μ_i) 构成一个云滴；④ 重复步骤①~③，直至生成足够数量的云滴。

（6）云模型的"$3E_n$ 规则"：论域中定性概念贡献率较大的云滴群有 99.7% 分布在 $[E_x - 3E_n, E_x + 3E_n]$ 范围内，此区间以外的云滴对定性概念的贡献率基本可以忽略。因此，若监测值位于 $[E_x - 3E_n, E_x + 3E_n]$ 外侧，表明数据异常。基于"$3E_n$ 规则"，即可确定监控指标。

6.4　江门实验大厅顶拱中心监控指标

由于主洞室跨度远超常规的 30 m 量级，顶拱围岩稳定是工程重点关注的问题。下部边墙开挖后，采用 60 cm 厚的混凝土衬砌，且在后续运行阶段，水池内充满水，对边墙稳定有利。因此，选取主洞室顶拱中心 BX-10 的变形速率作为监控指标拟定对象。

6.4.1　基于小波-云模型的监控指标拟定

选取实验大厅开挖衬砌完成至今的监测数据作为样本。首先，对数据进行小波降噪。小波降噪效果与小波函数、小波阶数、分解层数和阈值函数等有关。由于硬阈值函数处理后的小波系数在阈值处不连续，信号重构后可能造成局部的异常抖动，本书选用软阈值函数去噪。选择具有较好正则性的 Daubechies(db$N$) 小波进行小波分解，并对小波阶数和分解层数进行敏感性分析，采用信噪比 S_{NR} 评估降噪效果。去噪后信号的 S_{NR} 越高，则降噪效果越好。令原始监测数据为 $s(k)$，去噪后的数据为 $\hat{s}(k)$，则信噪比 S_{NR} 可表示为：

$$S_{NR} = 10\lg \frac{\sum_{k=1}^{N} s(k)}{\sum_{k=1}^{N} [s(k) - \hat{s}(k)]^2} \tag{6-11}$$

图 6.2 是 BX-10 在不同小波阶数和分解层数条件下的信噪比。如图 6.2 所示，db7 小波的信噪比最高，且随着分解层数增大，信噪比快速收敛。由于较大的分解层数有利于信号和噪声的分离，同时兼顾计算效率，综合分析选用 db7 进行 4 层小波分解，对分解后的高频部分采用软阈值降噪，降噪重构后的变形速率和原始监测数据见图 6.3。其中，以围岩向临空面变形为正，向岩体内部变形为负。

采用逆向云发生器，求取降噪后围岩变形速率的数字特征 $E_x = 0.017\ 1$，$E_n = 0.049\ 7$，$H_e = 0.021\ 2$。然后，根据云滴对定性概念的贡献度，基于"$3E_n$ 准则"确定围岩变形速率的安全区间为 $[-0.13, 0.16]$。因此，根据上述计算成果，实验大厅顶拱中心 BX-10 处围岩向临空面的变形速率不宜超过 0.16 mm/周，向岩体内部的变形速率不宜超过 0.13

mm/周。

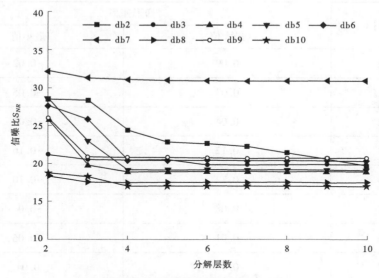

图 6.2　小波降噪参数敏感性分析

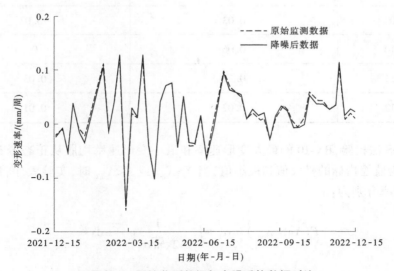

图 6.3　原始监测数据与去噪重构数据对比

6.4.2　基于典型小概率法的监控指标拟定

现场监测资料表明,实验大厅开挖衬砌完成后,围岩位移呈正负波动性变化,故选取每月的最大变形速率和最小变形速率作为典型效应量(见表 6.1)。

表 6.1　BX-10 变形速率极值统计

日期(年-月)	变形速率	
	最大值	最小值
2021-12	0.09	-0.02
2022-01	0.03	-0.05
2022-02	0.04	-0.01
2022-03	0.12	-0.16
2022-04	0.12	-0.10
2022-05	0.08	-0.04
2022-06	0.01	-0.06
2022-07	0.10	0.04
2022-08	0.02	0.01
2022-09	0.03	-0.03
2022-10	0.06	0
2022-11	0.11	0.03
2022-12	0.02	0.01

　　根据 K-S 法检验,BX-10 的最大变形速率和最小变形速率均服从正态分布。令 X_{m1} 和 X_{m2} 分别为监控指标的极大值和极小值,当 $X > X_{m1}$ 或 $X < X_{m2}$ 时,实验大厅将出现异常或险情,其概率分别为:

$$F(X > X_{m1}) = \alpha_1 = \int_{X_{m1}}^{+\infty} \frac{1}{2\sqrt{\pi}\sigma_1} e^{-\frac{x-\bar{X}_1}{2}} dx \qquad (6-12)$$

$$F(X < X_{m2}) = \alpha_2 = \int_{-\infty}^{X_{m2}} \frac{1}{2\sqrt{\pi}\sigma_2} e^{-\frac{x-\bar{X}_2}{2}} dx \qquad (6-13)$$

式中:σ_1 和 σ_2 分别为最大监测量和最小监测量的方差;$\bar{X}_1$ 和 $\bar{X}_2$ 分别为最大监测量和最小监测量的均值;α_1 和 α_2 为失事显著性水平,由于实验大厅顶拱一旦发生破坏将无法恢复建设,不但导致工程建设方面的损失,还将造成巨大的次生灾害,因此本书取 $\alpha_1 = \alpha_2 = 1\%$。则监控指标可由公式 $X_{mi} = F^{-1}(\bar{X}_i, \sigma_i, \alpha_i)$ 确定。

　　表 6.2 是由 BX-10 实测资料确定的统计特征值和监控指标。由表 6.2 可知,BX-10 处围岩向临空面的变形速率不宜超过 0.16 mm/周,向岩体内部的变形速率不宜超过

0.16 mm/周。

表 6.2　BX-10 统计特征值和监控指标

变形速率/ (mm/周)	统计特征值		监控指标 ($\alpha = 1\%$)
	σ	X	
最大值	0.040 7	0.063 3	0.16
最小值	0.054 7	−0.029 5	−0.16

6.4.3　两种拟定方法对比

地下洞室在长期运行过程中,围岩主要呈现流变特性,即在地应力作用下,围岩向临空面持续变形。由于本工程的围岩质量高,地应力水平适中,流变作用较微弱,但是在流变和环境随机波动影响下,围岩向临空面方向的监控指标应大于向岩体内部的监控指标。基于典型小概率法拟定的监控指标最大值和最小值相等,结果与基本力学原理相悖,其合理性存疑。

基于小波-云模型拟定的监控指标,不仅满足围岩向临空面方向变形大于向岩体内部变形的基本要求,且充分考虑了数据噪声的影响,亦无须事先假定样本的概率密度函数,其计算结果具有客观性和合理性。

6.5　本章小结

为实现对大型地下洞室围岩变形的安全预警,本章提出一种基于小波-云模型的地下洞室围岩变形监控指标拟定方法,应用于江门中微子地下实验室,并与传统的典型小概率法进行对比分析。主要结论如下:

(1)基于小波-云模型的监控指标拟定方法,不仅可有效降低数据噪声,且无须假定概率密度函数,充分考虑了监测资料的不确定性和模糊性,拟定的监控指标较为合理可靠。

(2)计算结果表明,主洞室顶拱中心向临空面的变形速率不宜超过 0.16 mm/周,向岩体内部的变形速率不宜超过 0.13 mm/周。若现场围岩变形速率超过预警值,需开展专题研究,排除安全隐患。

(3)在长期运行过程中,工程赋存的水文地质条件、岩体性质可能随时间不断变化,因此为反映工程的实时状态演变,随着监测系列的不断增长,应适时重新拟定变形监控指标。

参 考 文 献

[1] 钱七虎,戎晓力.中国地下工程安全风险管理的现状、问题及相关建议[J].岩石力学与工程学报,2008(4):649-655.

[2] 王梦恕.中国铁路、隧道与地下空间发展概况[J].隧道建设,2010,30(4):351-364.

[3] 洪开荣.我国隧道及地下工程发展现状与展望[J].隧道建设,2015,35(2):95-107.

[4] 马洪琪.水利水电地下工程技术现状、发展方向及创新前沿研究[J].中国工程科学,2011,13(12):15-19.

[5] 王仁坤,邢万波,杨云浩.水电站地下厂房超大洞室群建设技术综述[J].水力发电学报,2016,35(8):1-11.

[6] 徐光黎,李志鹏,宋胜武,等.中国地下水电站洞室群工程特点分析[J].地质科技情报,2016,35(2):203-208.

[7] 江权,冯夏庭,向天兵.基于强度折减原理的地下洞室群整体安全系数计算方法探讨[J].岩土力学,2009,30(8):2483-2488.

[8] 姚显春,李宁,陈莉静,等.拉西瓦水电站地下厂房洞室群分层开挖过程仿真反演分析[J].岩石力学与工程学报,2011,30(增刊1):3052-3059.

[9] 张津生,陆家佑,贾愚如.天生桥二级水电站引水隧洞岩爆研究[J].水力发电,1991(10):34-37,76.

[10] 朱泽奇,盛谦,张勇慧,等.大岗山水电站地下厂房洞室群围岩开挖损伤区研究[J].岩石力学与工程学报,2013,32(4):734-739.

[11] 李仲奎,周钟,汤雪峰,等.锦屏一级水电站地下厂房洞室群稳定性分析与思考[J].岩石力学与工程学报,2009,28(11):2167-2175.

[12] 戴峰,李彪,徐奴文,等.猴子岩水电站深埋地下厂房开挖损伤区特征分析[J].岩石力学与工程学报,2015,34(4):735-746.

[13] 李志鹏,徐光黎,董家兴,等.猴子岩水电站地下厂房洞室群施工期围岩变形与破坏特征[J].岩石力学与工程学报,2014,33(11):2291-2300.

[14] 张文东,马天辉,唐春安,等.锦屏二级水电站引水隧洞岩爆特征及微震监测规律研究[J].岩石力学与工程学报,2014,33(2):339-348.

[15] 吴世勇,王鸽.锦屏二级水电站深埋长隧洞群的建设和工程中的挑战性问题[J].岩石力学与工程学报,2010,29(11):2161-2171.

[16] 于群,唐春安,李连崇,等.基于微震监测的锦屏二级水电站深埋隧洞岩爆孕育过程分析[J].岩土工程学报,2014,36(12):2315-2322.

[17] 侯靖,张春生,单治钢.锦屏二级水电站深埋引水隧洞岩爆特征及防治措施[J].地下空间与工程学报,2011,7(6):1251-1257.

[18] 吴世勇,周济芳,陈炳瑞,等.锦屏二级水电站引水隧洞TBM开挖方案对岩爆风险影响研究[J].岩石力学与工程学报,2015,34(4):728-734.

[19] 刘宁,张春生,褚卫江,等.锦屏二级水电站深埋隧洞开挖损伤区特征分析[J].岩石力学与工程学报,2013,32(11):2235-2241.

[20] 谷德振,黄鼎成.岩体结构的分类及其质量系数的确定[J].水文地质工程地质,1979(2):8-13.

[21] 杜时贵,许四法,杨树峰,等.岩石质量指标RQD与工程岩体分类[J].工程地质学报,2000(3):351-356.

[22] 胡卸文,黄润秋.水利水电工程中的岩体质量分类探讨[J].成都理工学院学报,1996(3):64-68.

[23] 黄昌乾,范建军,丁恩保.边坡岩体质量分类的 SMR 法及其应用实例[J].岩土工程技术,1998(1):7-13,15,2.

[24] 孙东亚,陈祖煜,杜伯辉,等.边坡稳定评价方法 RMR-SMR 体系及其修正[J].岩石力学与工程学报,1997(4):4-8,11.

[25] 丁向东,吴继敏,顾俊.水利工程岩体质量分类方法综述[J].水电能源科学,2006(4):44-49,99.